ZEITSCHRIFT FÜR ANGEWANDTE GEOLOGIE

HERAUSGEGEBEN VON
DER STAATLICHEN GEOLOGISCHEN KOMMISSION
UND DER ZENTRALEN VORRATSKOMMISSION
DER DEUTSCHEN DEMOKRATISCHEN REPUBLIK

AUS DEM INHALT

AKADEMIE-VERLAG · BERLIN

BAND 9 / HEFT 5
MAI 1963
SEITE 225–280

	INHALT	СОДЕРЖАНИЕ	CONTENTS	

Die ZEITSCHRIFT FÜR ANGEWANDTE GEOLOGIE berichtet ständig über folgende Arbeitsgebiete: Geologische Grundlagenforschung und Lagerstättenforschung / Methodik der geologischen Erkundung / Ökonomie und Planung der geologischen Erkundung / Technik der geologischen Erkundung / Geologie und Lagerstättenkunde im Ausland. In der Zeitschrift können alle strittigen Fragen der praktischen Geologie behandelt werden. Die Autoren übernehmen für ihre Aufsätze die übliche Verantwortung.

ZEITSCHRIFT FÜR ANGEWANDTE GEOLOGIE

KOLLEKTIVE CHEFREDAKTION

BAND 9 · MAI 1963 · HEFT 5

Das Liegende des Kupferschiefers im Raum Spremberg–Weißwasser[1)]

CHRISTINE SIEGERT, Berlin

Die Untersuchungen für die vorliegende Arbeit wurden im Rahmen der Erkundungsarbeiten auf Kupferschiefer in der Objektgruppe Weißwasser durchgeführt. Ihre Aufgabe bestand darin, eine allgemeine Charakteristik der im Liegenden des Kupferschiefers erbohrten Sedimentserien zu geben und unterschiedliche fazielle Bedingungen in den einzelnen Sedimentationsperioden aufzuzeigen, um dadurch eine sichere Grundlage für ihre stratigraphische Gliederung zu schaffen. Die Ergebnisse stützen sich auf die bei der Dokumentation der Bohrungen durchgeführten Kernaufnahmen, auf eingehende Bemusterung ausgewählter Profile und auf Dünnschliffuntersuchungen. Es wurden qualitative und quantitative Bestimmungen des Stoffbestandes und eine beschreibende Gefügeanalyse durchgeführt. Die Klassifikation der Gesteine erfolgt nach FÜCHTBAUER (1959).

Geologische Situation

Im Raum Spremberg—Weißwasser können im Liegenden des Kupferschiefers drei Sedimentserien ausgegliedert werden.

1. Zechsteinkonglomerat (k_1)
2. terrestrisches Permokarbon bzw. Rotliegendes
3. Altpaläozoikum unbestimmten Alters

Das unmittelbare Liegende bildet im gesamten Erkundungsgebiet das Zechsteinkonglomerat. Dieser stratigraphische Horizont wird zum größten Teil durch ein in seinen petrographischen Eigenschaften über größere Gebiete sehr einheitliches Konglomerat gebildet. Es geht nach N allmählich in sandige Ablagerungen über bzw. verzahnt sich mit ihnen. Die geringen Mächtigkeitsschwankungen des Zechsteinkonglomerats, wie sie in der Säulenprofildarstellung (Abb. 1) deutlich werden, passen sich dem petrographisch einheitlichen Bild an. Das Zechsteinkonglomerat liegt im SW-Teil des Gebietes diskordant auf altpaläozoischen Serien, nördlich davon konkordant auf Rotliegendem. Zum Teil ist zwischen Rotliegendem und Zechsteinkonglomerat ein allmählicher fazieller Übergang zu beobachten. Die altpaläozoische Serie wurde weiterhin auch durch eine Bohrung angetroffen, die das Rotliegende durchteufte.

Das Altpaläozoikum

Als Altpaläozoikum wird ein Sedimentkomplex bezeichnet, für den nach den vorliegenden Kenntnissen eine genaue Alterseinstufung noch nicht möglich ist. Er setzt sich aus Sedimenten mit wechselnden strukturellen Eigenschaften — Konglomeraten, Sandsteinen, Tongesteinen — zusammen, die einmal durch hohen Diagenesegrad, der bereits in eine metamorphe Umbildung überleitet, und zum anderen durch einen Kornbestand, der in seiner Zusammensetzung nur relativ geringe Änderungen zeigt, gekennzeichnet sind. Die Sandsteine konzentrieren sich v. a. auf den nördlichen Teil des Verbreitungsgebiets des Altpaläozoikums, während in dem übrigen Teil fast ausschließlich Tongesteine angetroffen wurden (Abb. 2). In der Bohrung Spremberg 76, die Altpaläozoikum unter dem Rotliegenden in einer Mächtigkeit von ca. 100 m antraf und nicht durchteufte, liegt eine Wechsellagerung von Konglomeraten, Sandsteinen und Tongesteinen vor.

Die Farbe der Gesteine ist im allgemeinen homogen grau bis dunkelgrau. Mit Annäherung an die SW-Randstörung der Hochscholle der Struktur Mulkwitz treten rötliche Färbungen auf. Die Gesteine unter den Ablagerungen des Rotliegenden zeigen rötlichviolette bis violettgraue Farbe.

Petrographische Beschreibung der Gesteinstypen

Konglomerate

Die Konglomerate sind als feingeröllige Metamorphitkonglomerate zu bezeichnen. Die Gerölle besitzen kantengerundete bis gerundete Form; ihr Durchmesser liegt im allgemeinen zwischen 2 und 10 mm und steigt vereinzelt bis auf 20 mm an. Als Zwischenmittel tritt eine zähe Grauwacke auf. Das Verhältnis zwischen Geröllbestand und Zwischenmittel variiert stark. Neben dicht gepackten Geröllbänken (Abb. 3) lassen sich Übergänge zu konglomeratischen Sandsteinen beobachten.

Der Geröllbestand setzt sich in erster Linie aus metamorphen Gesteinen mit kataklastischen und mylonitischen Gefügen zusammen (Abb. 4). Es sind Quarzite, Quarzitschiefer, Quarzitschiefer mit geringen Chlorit- und/oder Muskovitgehalten, Chloritschiefer, phyllitartige Gesteine, Tonschiefer und porphyroklastische Gesteine mit Albit, Quarz, Muskovit und Chlorit. Die bemerkenswertesten Gerölle sind die relativ häufig auftretenden Biotitgneise. Ihr Mineralbestand wird durch Quarz, Feldspäte, Biotit und Granatblasten gebildet. Neben diesen Gesteinstypen, die den Hauptanteil des Geröllbestandes bilden, treten noch richtungslos körnige granitische Gesteine, vergneiste granitische Gesteine

1) Eingang des Manuskripts in der Redaktion: 14. 2. 1963

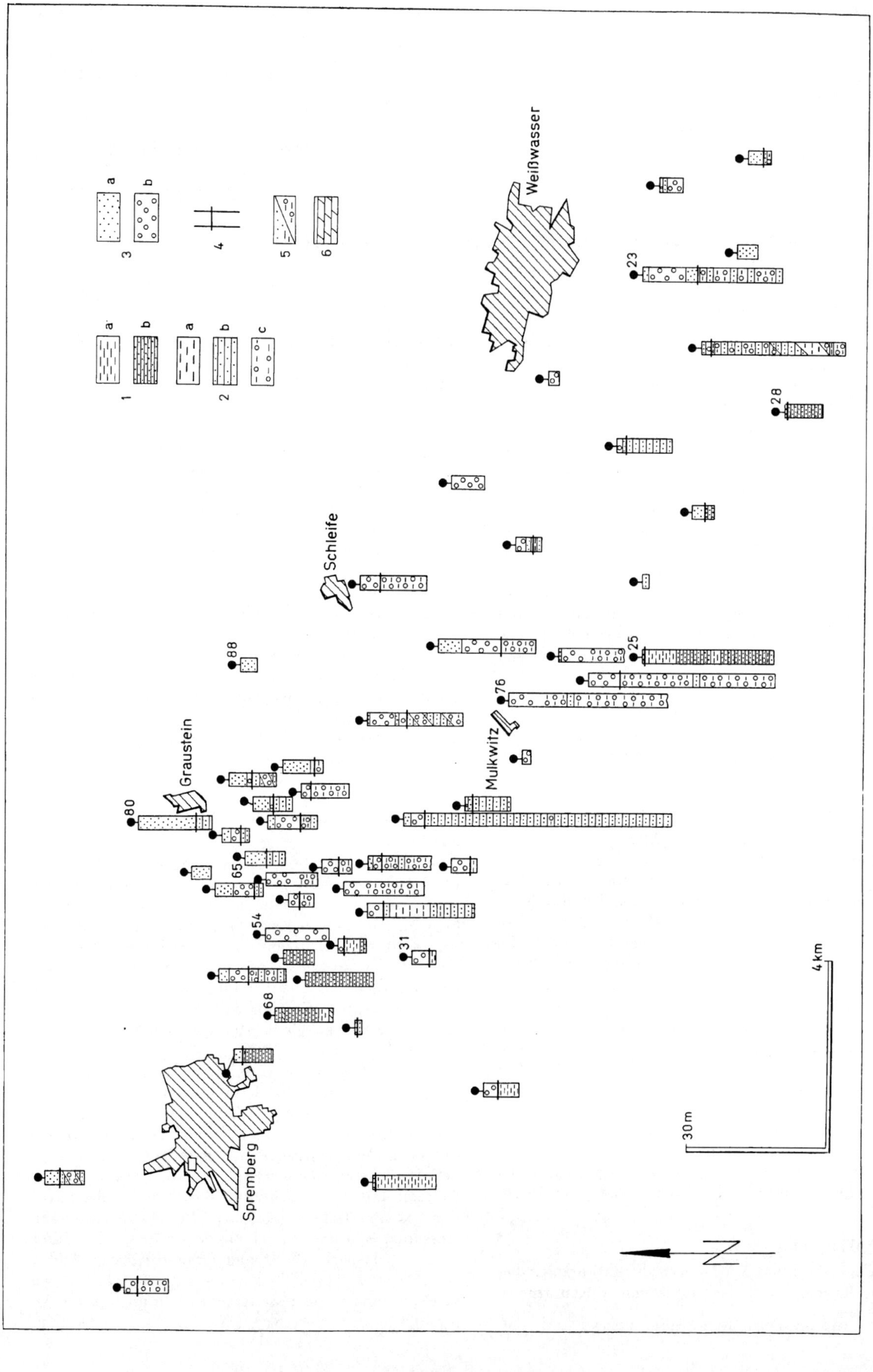

Abb. 1. Das Liegende des Kupferschiefers in Säulendarstellung

1 — Altpaläozoikum: 1a — Tongesteine, 1b — Sandsteine; 2 — Rotliegendes: 2a — Tongesteine, 2b — Sandsteine, 2c — Konglomerate; 3 — Zechstein: 3a — Sandsteine, 3b — Konglomerat; 4 — Zechsteinunterkante, 5 — Wechsellagerung, 6 — Dolomit (Ca_1d), tektonisch bedingte Einlagerung

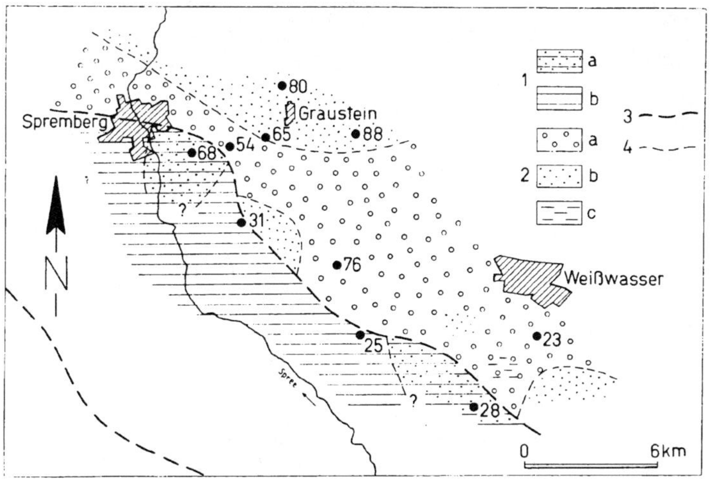

Abb. 2. Abgedeckte Karte des Präzechsteins

1 — Altpaläozoikum: a — Sandsteine, b — Tongesteine; 2 — Rotliegendes: a — Konglomerate, b — Sandsteine, c — Tongesteine; 3 — Formationsgrenze, 4 — lithologische Grenze

und Porphyroide als Gerölle auf. Nur untergeordnet sind Vulkanite, die der Dazit-Andesit-Gruppe zugeordnet werden können, und Kieselschiefer zu beobachten.

Sandsteine

Die Sandsteine erscheinen makroskopisch feinkörnig bis dicht. Die grauen Serien im Bereich der SW-Flanken der Struktur besitzen ausgeprägten quarzitischen Charakter, während die rötlichvioletten der Bohrung Spremberg 76 einen etwas geringeren Diagenesegrad vermuten lassen. Die mikroskopische Untersuchung zeigte aber, daß zwischen beiden kein wesentlicher Unterschied vorliegt.

Der Kornbestand setzt sich hauptsächlich aus Quarz, Feldspäten, Glimmern und Gesteinsfragmenten, wie sie oben beschrieben wurden, zusammen. Der Quarz ist meistens durch klastische Struktur und undulöse Auslöschung gekennzeichnet. Als Feldspäte treten Plagioklase, Kalifeldspäte und Albit auf. Der Albit zeigt keine Umbildungen. Die Plagioklase erscheinen einmal fleckig (Entmischung einer albitreichen Phase), zum anderen kann eine Muskovitsprossung beobachtet werden, die zur Bildung von Reaktionssäumen, gitterähnlich eingeregelten Muskovitblättchen und rundlichen Muskovitblasten führt. Auch Epidot- und Calcitbildung ist mitunter in Plagioklas vorhanden. Die Kalifeldspäte (Orthoklas und Mikroklin) zeigen stets Perthitisierung. Die auftretenden Glimmer gehören sowohl der Biotit- als auch der Muskovitgruppe an. An Biotiten sind verschiedene beginnende Umbildungserscheinungen, wie Chloritisierung, Hämatitentmischung und Ausbleichung, zu beobachten.

Untergeordnet beteiligen sich an der Zusammensetzung des Kornbestandes Granat, Apatit, Zirkon und sehr selten Turmalin. Nach der quantitativen Zusammensetzung des Kornbestandes handelt es sich vorwiegend um Grauwacken. Daneben wurden Gesteine untersucht, die als Feldspatgrauwacken und Sandsteine i. e. S. zu bezeichnen sind. Allen Sandsteinen gemeinsam ist die dichte Kornpackung (Abb. 5). Bindemittel tritt untergeordnet auf und besteht aus rekristallisierten Hellglimmern, Chlorit, Quarz und Hämatit. Letzterer ist vorwiegend in den rötlichen Gesteinsserien zu beobachten. Häufig besitzen die Gesteine Mosaikstruktur, die durch eine unmittelbare Kornbildung bedingt wird.

Tongesteine

Die innerhalb der altpaläozoischen Sedimentserie auftretenden Tongesteine lassen makroskopisch eine ausgeprägte schichtparallele Spaltbarkeit erkennen. Die Schichtung besitzt im allgemeinen ein Einfallen von 45°.

Unter dem Mikroskop zeigt sich, daß für alle Tongesteine angedeutete Kornvergröberung und Aggregatpolarisation der Schichtsilikate typisch sind[2]). Die vorherrschenden Schichtsilikate sind nach ihren optischen Eigenschaften den Hydroglimmern zuzuordnen. Deutliche Schieferungstexturen konnten nur im Bereich tektonischer Störungen beobachtet werden (Bohrungen Spremberg 25, 28, 68). Neben Transversalschieferung treten hier Kleinfaltungen und syndeforme Kristalloblastese von Hydroglimmern und Quarz auf. Der letztere Vorgang wird besonders in detritusreichen Gesteinen (Schluffsteinen) deutlich.

Zur Alterseinstufung der altpaläozoischen Schichten

Der altpaläozoische Komplex im SW-Teil der Struktur Mulkwitz, über den das Zechsteinkonglomerat diskordant transgrediert, muß spätestens durch jungvaristische Bewegungen emporgehoben und zum Abtragungsgebiet geworden sein. Seine Gerölle lassen sich in den rotliegenden Konglomeraten nachweisen. Wie

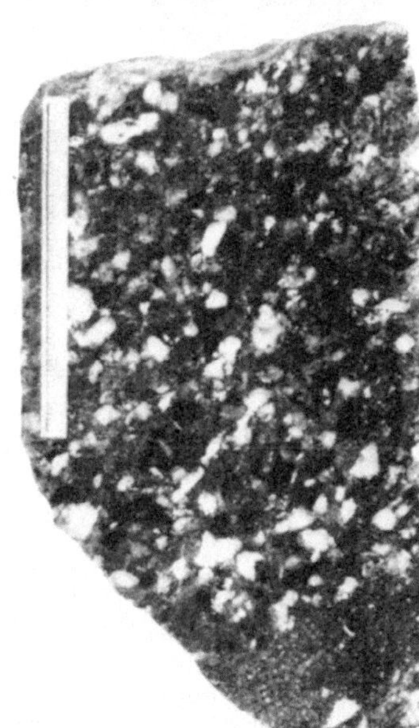

Abb. 3. Altpaläozoisches Konglomerat, dicht gepackte Geröllbank grenzt unmittelbar an Grauwacke. Bohrung Spremberg 76, bei 854,0 m

von FRANZ & RUSITZKA (1963) erwähnt wird, können die Tongesteine wahrscheinlich mit den devonischen Tonschiefern der Bohrung Spremberg 6 verglichen werden. Im Bereich der Struktur Mulkwitz wurden aber

[2]) Da diese Eigenschaften eine eindeutige Benennung der Gesteine als Tonschiefer noch nicht rechtfertigen, wurde der neutrale Begriff „Tongesteine" verwendet.

bisher in diesen Serien noch keine Fossilfunde bekannt, so daß eine exakte Alterseinstufung noch nicht möglich ist. Da die Tongesteine z. T. mit Sandsteinen in Wechsellagerung auftreten, ist für den gesamten Komplex gleiches Alter anzunehmen. Über die regionalgeologische Bedeutung des Nachweises von epi- bis mesozonal metamorphem Gesteinsdetritus in dieser Serie für das Grundgebirge S-Brandenburgs wird durch Erzberger u. a. (1963) berichtet.

Das Rotliegende

Kennzeichnend für die Sedimentserien des Rotliegenden, die sich aus Konglomeraten, verschiedenen Sandsteintypen, Schluffstein, Tonstein und Schieferton zusammensetzen, ist ein rascher fazieller Wechsel in vertikaler und horizontaler Richtung. Daneben läßt sich auch innerhalb kleiner Gebiete eine starke Variation in der Zusammensetzung des Geröllbestandes nachweisen. Typische petrographische Eigenschaften sind weiterhin der hohe Anteil an leicht zersetzbarem Detritus (Glimmern, Feldspäten, Sedimentfragmenten ohne

Abb. 4. Altpaläozoisches Konglomerat. Bohrung Spremberg 76, bei 867,5 m; Dünnschliff L 43, Vergr.: 9,5 ×, Nicol —

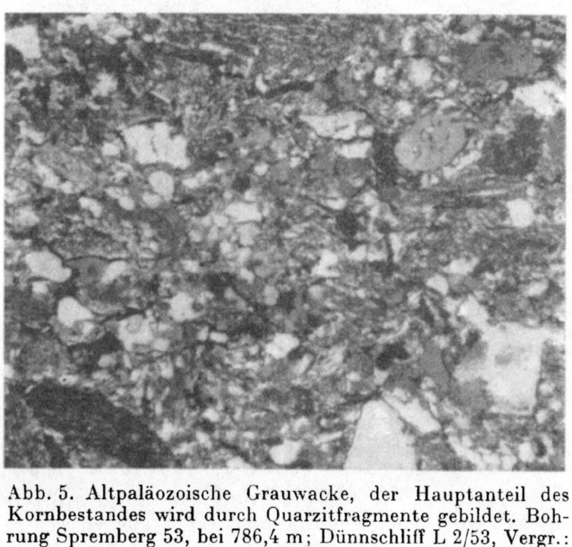

Abb. 5. Altpaläozoische Grauwacke, der Hauptanteil des Kornbestandes wird durch Quarzitfragmente gebildet. Bohrung Spremberg 53, bei 786,4 m; Dünnschliff L 2/53, Vergr.: 50 ×, Nicol +

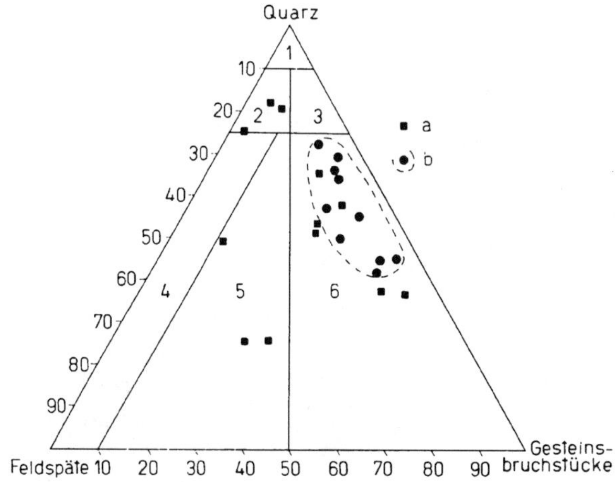

Abb. 6. Quantitativer Kornbestand von Sandsteinen des Rotliegenden und des Zechsteinkonglomerats

a — Sandsteine des Rotliegenden, b — Sandsteine des Zechsteins; 1 — Quarzsandstein, 2 — feldspathaltiger Sandstein, 3 — Sandstein mit Gesteinsbruchstücken, 4 — Arkose, 5 — Feldspatgrauwacke, 6 — Grauwacke

starke Diagenese) und tonigem Bindemittel sowie Gefügeeigenschaften, die durch eine geringe Aufbereitung des abgelagerten Materials bedingt werden. Im Bereich der Struktur Mulkwitz wurde durch die Bohrung Spremberg 76 bis an die Basis des Rotliegenden eine maximale Mächtigkeit von 130 m durchteuft. Ein direkter Vergleich mit Sedimentserien anderer Rotliegendbecken ist nicht möglich. Im Bereich der Struktur Mulkwitz haben wir ein stark gegliedertes Sedimentationsbecken nahe dem materialliefernden altpaläozoischen Komplex vor uns. An seinem Rand treten relativ mächtige, ungegliederte Konglomeratschüttungen auf. Sie verzahnen sich nach NE mit feinklastischen Ablagerungen bzw. werden durch solche vertreten (Abb. 1, 2). Welche anderen Hochgebiete als Materiallieferanten in Frage kommen, kann auf Grund der vorliegenden Untersuchungen nicht entschieden werden.

Petrographische Beschreibung der Gesteinstypen

Konglomerate

Die Konglomerate sind polymikt. Die Gerölle bestehen aus Vulkaniten, Plutoniten, Sedimentiten und Metamorphiten. Folgende Gesteinsvarietäten können unterschieden werden:

Vulkanite: Dazit, Andesit, Rhyolith, umgewandeltes vulkanisches Glas

Plutonite: Granodiorit (Plagioklas-Vormacht), Granit (Orthoklas-Vormacht), Granitporphyr

Sedimentite: Tonsteine, Schluffsteine, Sandsteine und Feldspatgrauwacken des Altpaläozoikums

Metamorphite: Tonschiefer, phyllitartige Gesteine, Kieselschiefer, Quarzite, Quarzitschiefer und Augengneise

Bemerkenswert ist, daß Gesteine des Rotliegenden, die einige Horizonte tiefer im gleichen oder benachbarten Profil angetroffen werden, als Gerölle nachzuweisen sind. Die Konglomerate besitzen im allgemeinen schlechte Kornsortierung. Die Geröllform ist eckenbis kantengerundet. Das Zwischenmittel entspricht den feinklastischen Gesteinen, mit denen die Konglomerate in Wechsellagerung auftreten. In den meisten

Fällen kann es als Grauwacke bezeichnet werden. Sind überwiegend granitische Gesteine als Gerölle vorhanden, so ist das Zwischenmittel eine Feldspatgrauwacke. Das Bindemittel besteht stets aus Tonmineralen und Hämatit mit ± starker Beteiligung von Karbonaten.

Sandsteine

Nach dem quantitativen Kornbestand kann man die Sandsteine als Sandsteine i. e. S., Grauwacken und Feldspatgrauwacken klassifizieren. Arkosen nach FÜCHTBAUER mit < 75% Quarz und < 10% Gesteinsbruchstücken wurden nicht bestimmt. Im Diagramm (Abb. 6) ist die quantitative Zusammensetzung des Kornbestandes von charakteristischen Gesteinstypen zusammengestellt. Es zeigt sich, daß sowohl Stofflieferanten als auch Sedimentationsbedingungen größeren Schwankungen unterlagen. Ein Vergleich der einzelnen Horizonte über größere Gebiete dürfte auch bei intensiven quantitativen Untersuchungen sehr schwierig sein.

Der Kornbestand der Sandsteine ist mittel- bis grobkörnig, mäßig bis schlecht sortiert und besitzt ecken- bis kantengerundete Formen. Neben dem Hauptmineral Quarz treten untergeordnet Feldspat, Biotit und Akzessorien (Zirkon, Titanit, Rutil, Erzminerale) auf.

Der Gesteinsdetritus besteht zum großen Teil aus granitischem Material. Kennzeichnend ist der relativ hohe Anteil an tonigem Bindemittel (> 15%). Es weist meistens ungleichmäßige Verteilung auf. Bereichen mit Basalzement stehen solche gegenüber, in denen das Bindemittel nur als Kontaktzement vorliegt.

Abb. 7. Transgressionsfläche (schwarz markiert): Zechsteinkonglomerat — altpaläozoisches Tongestein. Bohrung Spremberg 31, bei 832,8 m

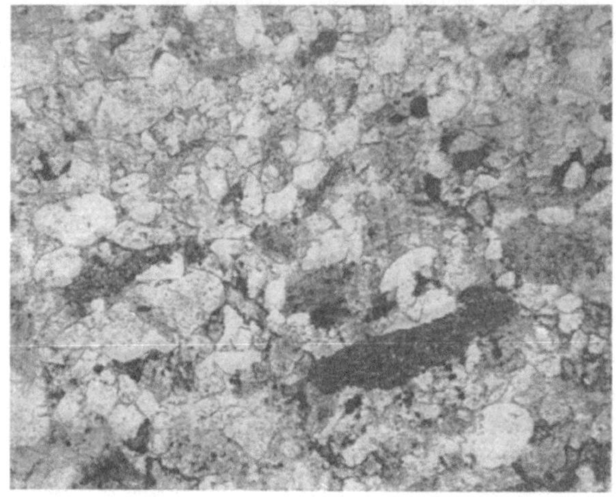

Abb. 8. Grauwacke — Äquivalent des Zechsteinkonglomerats — Hauptkomponenten: Quarze, schiefrige Gesteinsfragmente, Dolomit (hohes Relief) als Bindemittel. Bohrung Spremberg 78, bei 1129,5 m; Dünnschliff L 68, Vergr.: 50 ×, Nicol —

Übergangstypen zwischen Sandsteinen und Grauwacken sind häufig vorhanden. Das Bindemittel der Grauwacken ist ebenfalls vorwiegend tonig, daneben kann es aus einem Quarz-Tonmineral-Karbonat-Gemisch bestehen. Lokal treten Grauwacken mit rein karbonatischem Bindemittel auf (Bohrung Spremberg 23). Die Körner tragen in diesen Gesteinen stets eine dünne Hämatithaut. Die Feldspatgrauwacken entsprechen in Bindemittel und Gefüge den oben beschriebenen Gesteinen. Allen Gesteinstypen gemeinsam ist stets eine ± intensive Rotfärbung.

Tongesteine

Mit den sandigen Gesteinen treten Schluffsteine, Tonsteine und Schiefertone in Wechsellagerung auf. Sie besitzen rotbraune und graugrüne Farbe. Die Schiefertone zeichnen sich durch gute schichtparallele Spaltbarkeit aus. Auf den Schichtflächen sind starke Glimmeranreicherungen vorhanden. Die von uns als Tonsteine angesprochenen Gesteine unterscheiden sich von den Schiefertonen durch massige Struktur und muschligen Bruch. Unter dem Mikroskop läßt sich keine schichtparallele Orientierung von Glimmermineralen, wie sie für die Schiefertone typisch ist, nachweisen.

Das Zechsteinkonglomerat

Über die beiden bisher beschriebenen Sedimentkomplexe transgrediert das Zechsteinkonglomerat unter den bereits zu Beginn erwähnten Bedingungen. Petrographisch unterscheidet es sich deutlich von den älteren Sedimentiten. Gegenüber dem Altpaläozoikum ist in erster Linie ein weit geringerer Diagenesegrad kennzeichnend, während anders gearteter Geröllbestand und Aufbereitungsgrad eine Abgrenzung gegen das Rotliegende ermöglichen. Dabei ist noch einmal hervorzuheben, daß über den rotliegenden Serien eine diesen angepaßte Faziesdifferenzierung zu verfolgen ist und merkliche Mächtigkeitsschwankungen (1,0—14,4 m) innerhalb kleiner Gebiete auftreten können. Über dem Altpaläozoikum sind im allgemeinen weit geringere Mächtigkeiten vorhanden (0,2—0,5 m). Der bekannte Maximalwert beträgt 4,4 m.

Petrographische Beschreibung der Gesteinstypen

Konglomerat

Das Konglomerat zeichnet sich durch einen sehr gleichförmigen Geröllbestand aus, der als oligomikt bezeichnet werden kann. Er wird durch Tonschiefer, Kieselschiefer, Quarzite, altpaläozoische Grauwacken und vereinzelt durch Vulkanite der Dazitgruppe gebildet. Typisch ist, daß sehr selten granitische Gesteine und nie Sedimentite des Rotliegenden als Gerölle beobachtet werden konnten. Die Geröllform ist plattig, kantengerundet. Die brekziös erscheinende Struktur (Abb. 7) wird nicht durch schlechte Kornrundung, sondern durch die längliche, plattige Form der Gerölle erzeugt. Die Geröllform ist einmal auf die überwiegend schiefrige Textur der Muttergesteine zurückzuführen, zum anderen kann man Abrollungsvorgänge nahe einer Strandlinie dafür verantwortlich machen. Nach RUCHIN (1958) ist die längliche, symmetrisch abgeplattete Form typisch für Strandgerölle. Durch die Einregelung der Gerölle wird eine Schichtung, die stetig mit 5—8° einfällt, angedeutet. Die feinstückigen Gerölle werden im allgemeinen durch ein sandiges, schwach karbonatisches Zwischenmittel verfestigt. Selten ist fast reines Mineralzement, das aus Karbonaten, Anhydrit oder feinkristallinem Quarz bestehen kann, zu beobachten. Das Verhältnis zwischen Geröllanteil und Zwischenmittel kann in weiten Grenzen variieren. Neben dicht gepackten Geröllbänken treten Übergänge zu feinkonglomeratischem Sandstein auf. Oft sind in die Geröllbänke geringmächtige reine Sandsteinlagen eingeschaltet.

Sandstein

Wie bereits erwähnt wurde, geht die Konglomeratbzw. Konglomeratsandsteinfazies stellenweise in eine sehr gleichförmig ausgebildete rein sandige Fazies über (Bohrungen Spremberg 66, 80, 88), die eine maximale Mächtigkeit von 13,8 m erreicht. Auch hier ist wie in den konglomeratischen Horizonten eine angedeutete Schichtung mit flachem Einfallen (5—8°) zu beobachten. Mitunter tritt eine flache Diagonalschichtung auf. In der Bohrung Spremberg 80 konnten Rippelmarken festgestellt werden.

Der Sandstein stimmt in diesen Eigenschaften — wie auch in Kornbestand und Gefüge — mit den „Weißliegend-Sandsteinen" des Harzvorlandes überein. Der Kornbestand wird hauptsächlich durch Quarz, sehr wenig Feldspat und stabile Gesteinsrelikte (Quarzite, Kieselschiefer, Tonschiefer) gebildet (Abb. 8). Seine quantitative Zusammensetzung unterliegt relativ geringen Schwankungen und entspricht einer Grauwacke mit Tendenz zu Sandstein (Abb. 6). Als typisches Merkmal ist das Fehlen von Glimmermineralen zu erwähnen. Das Bindemittel besteht aus Karbonaten mit wechselnder Beteiligung von Erzmineralen, seltener treten feinkörniger Quarz und Anhydrit auf.

Feinsandige bis grobschluffige Korngröße, gute Kornrundung und Kornsortierung kennzeichnen das Gefüge. Diese Eigenschaften zeigen neben dem ausgesuchten Kornbestand, daß ein gut aufbereitetes Sediment vorliegt, wie es nach PETTIJOHN (1949) und RUCHIN (1958) für strandnahe subaquatische Sedimentation typisch ist. Gegen die Vorstellung, wie sie u. a. von EISENHUTH & KAUTZSCH (1954) vertreten wurde, daß es sich bei den Sandsteinen der Werra-Serie um Dünenbildungen handelt, sprechen im Raum Spremberg—Weißwasser die enge Verzahnung mit Konglomeratbänken, die häufig zu beobachtende feinkonglomeratische Ausbildung des Sandsteins und der lokal auftretende hohe Anteil an dolomitischem Bindemittel, der durch chemische Sedimentation entstanden sein dürfte. Für äolische Sedimente ist ein viel enger begrenztes Kornspektrum typisch.

Eine fazielle Sonderentwicklung scheint im Zechsteinkonglomerat der Bohrung Spremberg 54 vorzuliegen. Geröllbestand und Gefüge besitzen die gleichen Eigenschaften, wie sie oben beschrieben wurden. Die hangende Zone zeichnet sich aber durch ein stark tonig-hämatitisches Bindemittel aus, während die liegende Zone das gleiche sandige Zwischenmittel wie im Gesamtgebiet aufweist. Auffallend ist auch die relativ große Mächtigkeit des Zechsteinkonglomerats in dieser Bohrung — 14,4 m gegenüber der durchschnittlichen Mächtigkeit von 5,3 m. Daneben läßt dieses Liegendprofil die übliche, bei den Untersuchungen herausgearbeitete Abgrenzung zwischen Rotliegendem und Zechsteinkonglomerat nicht zu. Es wird angenommen, daß in diesem räumlich eng begrenzten Bereich, der sich unmittelbar an den Rand des altpaläozoischen Komplexes anschließt, zu Beginn des Zechsteins zeitweise eine fazielle Rückentwicklung vorhanden war.

Betrachtet man dazu die Verbreitung der sandigen Ablagerungen, so zeigt sich, daß die im Rotliegenden vorhandene paläogeographische Konstellation der Sedimentationsräume an der Basis des Zechsteins noch deutlich wirksam war.

Zusammenfassung

Die Arbeit gibt einen Überblick über die petrographische Ausbildung und die Lagerungsverhältnisse der Sedimente im Liegenden des Kupferschiefers im Raum Spremberg—Weißwasser. Diese sind stratigraphisch in Zechsteinkonglomerat, Rotliegendes und Altpaläozoikum unbestimmten Alters zu untergliedern.

Резюме

Работа дает обзор о петрографическом развитии и условиях залегания осадков в подошве медистого сланца в районе Шпремберг-Вейсвассер. Эти осадки в стратиграфическом отношении подразделены на цехштейнский конгломерат, красный лежень и древний палеозой неопределенного возраста.

Summary

The article reviews the petrographical texture and mutual relations of sediments in the underlying bed of the copper schist in the Spremberg—Weißwasser area. These must be stratigraphically subdivided into Zechstein conglomerate, New Red Sandstone and Old Palaeozoic of uncertain age.

Literatur

EISENHUTH, K.-H. & E. KAUTZSCH: Handbuch für den Kupferschieferbergbau. — Fachbuchverlag, Leipzig 1954.

ERZBERGER, R., T. KAEMMEL, B. MEISSNER, W. NÖLDEKE & C. SIEGERT: Zur Stellung des südbrandenburgischen Grundgebirges innerhalb der saxothuringischen Zone. — Z. Krystalinikum, Bd. 2, Verl. tschechoslow. Akad. Wiss., Prag 1963.

FRANZ, R. & D. RUSITZKA: Geologische Ergebnisse der Erkundungsarbeiten auf Kupferschiefer im Raum Spremberg—Weißwasser. — Z. angew. Geol., 9, H. 4, 169—176, Berlin 1963.

FÜCHTBAUER, H.: Zur Nomenklatur der Sedimentgesteine. — Erdöl u. Kohle, 12, H. 8, 605—613 (1959).

PETTIJOHN, F. J.: Sedimentary Rocks. — New York 1949.

RUCHIN, L. B.: Grundzüge der Lithologie. — Akademie-Verlag, Berlin 1958.

Zur Zuverlässigkeit von Trocken- und Spülbohrergebnissen[1])

Karl Schellmoser, Berlin

(Veröffentlichung der ZVK — Nr. 7)

1. Einleitung

Unter der Überschrift „Zur Bewertung von Trocken- und Spülbohrungen" veröffentlichte K. Pietzsch 1935 einen Aufsatz, in dem er die Ergebnisse zweier Braunkohlenbohrungen vergleicht, von denen die eine als Trockenbohrung, die andere als Spülbohrung niedergebracht wurde. Er kommt dabei zu der Schlußfolgerung, daß die Spülbohrungen keine sicheren Kenntnisse über die durchbohrten Schichten liefern und daß „Aufschlußbohrungen ... nur als Trockenbohrungen ausgeführt werden" dürfen.

Die geologische Erkundung der Braunkohlenlagerstätten erfolgt in der Deutschen Demokratischen Republik ausschließlich durch Bohrungen, die a) als Kernbohrungen, b) als Trockenbohrungen und c) als Handspülbohrungen (Spülbohrungen) niedergebracht werden. Dabei haben gegenwärtig die beiden letztgenannten Bohrverfahren das Hauptgewicht. Bilkenroth (1958) hat für die Jahre 1958 bis 1975 den Umfang und das Verhältnis der Erkundungsbohrungen für den Raum Senftenberg veröffentlicht. Danach werden ca. ein Drittel der geplanten Bohrmeter als Trockenbohrungen und ca. zwei Drittel als Spülbohrungen niedergebracht. Über den Einsatz von Kernbohrungen ist nichts erwähnt. Von den Erkundungsgeologen wird jedoch darauf hingewiesen, daß Spülbohrungen keine zuverlässigen Angaben über die erbohrten Schichten erbringen und deshalb für die Erkundung von Braunkohlenlagerstätten abzulehnen sind. Auch bei Trockenbohrungen, denen die größte Zuverlässigkeit nachgesagt wird, ist Vorsicht geboten, wenn ihre Überwachung und die Beschreibung des erbohrten Materials nicht durch geologisch geschulte Kräfte erfolgen.

Die Zentrale Vorratskommission für mineralische Rohstoffe (ZVK) hat diesen Bedenken Rechnung getragen und fordert in der 1. Braunkohleninstruktion unter Pkt. 5.161: „In Braunkohlenlagerstätten, in denen bei der Erkundung bisher nur Trockenbohrungen (Schappenbohrungen) oder Spülbohrungen niedergebracht wurden, sind ausreichend Kontrollbohrungen als Kernbohrungen niederzubringen, um die Ergebnisse der in die Vorratsberechnung einbezogenen Trocken- oder Spülbohrungen zu bestätigen." Diese Forderung stieß bei der Ausarbeitung der Instruktion auf Einspruch seitens der Braunkohlenindustrie. In diesem Zusammenhang gewinnt der eingangs zitierte Aufsatz von K. Pietzsch erneut Bedeutung.

Verf. möchte an Beispielen[2]) aus der Erkundungspraxis der vergangenen Jahre in einigen Tagebauen des Senftenberger Raumes zeigen, daß der Einsatz von Spülbohrungen für die Lagerstättenerkundung unzweckmäßig ist, weil dieses Bohrverfahren keine exakten Unterlagen für eine wissenschaftliche Projektierung liefert. Da gegenwärtig eine zweite Braunkohleninstruktion diskutiert wird, soll gleichzeitig der Standpunkt der ZVK zur Einschätzung und Bewertung der genannten Bohrverfahren dargelegt werden.

2. Kurze Charakterisierung der Bohrverfahren

Trockenbohrungen werden allgemein als Schappenbohrungen gestoßen. Die anstehenden Lockersedimente werden mit der Schappe angeschnitten und nach über Tage gebracht. Dabei zeigt das geförderte Bohrklein zwar nicht den ursprünglichen inneren Aufbau der Schicht, die stoffliche Zusammensetzung ist jedoch erhalten geblieben. Da das gesamte Bohrgut gewonnen wird, ist es möglich, a) die durchbohrten Schichten zu bestimmen, b) Schichtgrenzen relativ genau festzustellen und c) für die notwendigen Untersuchungen das erforderliche Material zu entnehmen. Unterstellt man eine sorgfältige Bohrarbeit und eine laufende geologische Betreuung, dann erhält der Erkundungsgeologe eine relativ objektive Aussage über die erbohrten Schichten.

Doch die Ergebnisse der Trockenbohrungen sind sehr kritisch zu betrachten, da sie nicht in jedem Falle voll aussagekräftig sind, vor allem, wenn eine ständige geologische Betreuung fehlt. Auch die Probenahme bedarf einer fortwährenden Überwachung und sorgfältiger Ausführung. Die Vergangenheit hat gezeigt, daß diese Forderungen nur ungenügend erfüllt wurden, so daß besonders die Ergebnisse der älteren Trockenbohrungen (bis etwa 1960) sehr kritisch ausgewertet werden müssen. Das betont auch Spelter (1960) ausdrücklich.

Werden die Schichten mittels Spiral- oder Tellerbohrer durchteuft, ergeben sich für die Aussagekraft weitere Einschränkungen, weil Durchmischungen bzw. Verknetungen der verschiedenen Sedimente möglich sind.

Unbrauchbar sind die Trockenbohrungen für eine petrographische Untersuchung des Flözes, da durch die Zerstörung des inneren Aufbaus eine Unterscheidung der Lithotypen nicht möglich ist. Die kohlenpetrographische Untersuchung unserer Braunkohlenflöze ist jedoch für eine sinnvolle Verwendung des wertvollen Rohstoffs notwendig. Hierzu sind Kernbohrungen unerläßlich. Strzodka (1959) hat zu diesen Fragen beachtenswerte Ausführungen gemacht.

Bei den Spülbohrungen wird das Bohrgut durch den Bohrmeißel auf der Bohrlochsohle zerkleinert und durch die Spülung zutage gefördert. Dabei erfolgt eine Durchmischung des Materials, man muß also auf „die Gewinnung von Gebirgsproben mit unverletztem Schichtenzusammenhang verzichten" (Grumbrecht 1949). Daraus folgt, daß die Sicherheit der Aussage über die durchbohrten Schichten gering ist. „Man kann also den Charakter der durchbohrten Schichten nur nach dem Aussehen des Spülstromes beurteilen, wobei aber leicht ein Überbohren von Grenzen verschiedener Schichten möglich ist, namentlich wenn hierbei keine

---

[1]) Eingang des Manuskripts in der Redaktion: 10. 1. 1963

[2]) An dieser Stelle möchte der Verf. den Kollegen aus den Braunkohlenwerken danken, die ihm das umfangreiche Material zur Verfügung stellten und so die Veröffentlichung ermöglichten.

äußeren Materialunterschiede auftreten und die Bohrungen größere Teufen erreichen" (GRUMBRECHT 1949).

„So lösen sich z. B. die lettigen Bestandteile von Kohlenletten auf, und der Spülstrom bringt nur Kohlestückchen zutage, während das Wasser schwarz gefärbt erscheint. Eine falsche Beurteilung der Bohrergebnisse liegt in einem solchen Falle nahe" (KLEIN 1915). Geringmächtige Schichten können meist überhaupt nicht erkannt werden.

Diese Feststellungen sind im Hinblick auf die Lausitzer Verhältnisse bedeutsam, da über bzw. unter dem Flöz der sogenannte Braunkohlenton abgelagert wurde, der sich zuweilen aus sehr geringmächtigen Wechsellagen von Kohle und Ton bzw. Schluff zusammensetzt. Auch das Deckgebirge zeigt häufig wechselnde Sedimente und enthält oft geringmächtige Schichten (z. B. Bänderton), die große bergtechnische Bedeutung haben.

Der Erkundungsgeologe erhält nur eine subjektive Aussage über die durchbohrten Schichten, weil die Schichten„ansprache" (Deutung) und Beurteilung dem Gefühl des den Bohrkrückel führenden Bohrmeisters bzw. der Färbung des Spülstroms überlassen sind. Eine Probenahme für die notwendigen qualitativen und bergtechnischen Untersuchungen ist nicht möglich.

Trotz dieser in der Literatur sehr eingehend behandelten Nachteile des Spülbohrens werden Spülbohrungen auch heute noch zur Erkundung der Braunkohlenlagerstätten, speziell der Lausitz, angewendet. Eine ausreichende Begründung glaubt REX (1962) darin zu sehen, daß das Spülbohren „in bezug auf Zeitausnutzung und anfallende Kosten am günstigsten abschneidet" und „diese Bohrungen für eine Grobuntersuchung als Verdichtungsbohrungen, als Grundlage für die Projektierung unserer Tagebaue durchaus ausreichend sind". Dieser Auffassung kann nicht zugestimmt werden. REX schreibt selbst, „daß die Ergebnisse solcher Bohrungen keine wissenschaftliche Exaktheit aufweisen und für eine rein geologische Auswertung unbrauchbar sind". Demzufolge können Spülbohrungen keine ausreichende Grundlage für eine wissenschaftliche Projektierungsarbeit bilden. Das weisen PIETZSCH (1935) und KOCH (1953) an Beispielen nach. Doch auch andere Autoren wie GRUMBRECHT (1949), KLEIN (1915), KEGEL (1953) bringen zum Ausdruck, daß für eine eingehende Beurteilung der geologischen und lagerstättenkundlichen Verhältnisse Spülbohrungen nicht aussagekräftig genug sind. Die Unzuverlässigkeit der Ergebnisse von Spülbohrungen gab auch HELLSTRÖM in einer Diskussion (1957) zu.

3. Gegenüberstellung der Ergebnisse von Trocken- und Spülbohrungen

Die folgenden Vergleiche stammen aus Vorratsberechnungen der Braunkohlenfelder „Glückauf", Schlabendorf und Seese, die der ZVK zur Kontrolle und Bestätigung eingereicht wurden. Die Gegenüberstellungen wurden vorgenommen, um nachzuweisen, daß die Ergebnisse der Spülbohrungen im überwiegenden Maße unzuverlässig sind und daß auch die Ergebnisse von Trockenbohrungen einer sehr kritischen Einschätzung bedürfen. Sie beruhen auf den Ergebnissen von Kontrollbohrungen, die als Trockenbohrungen in unmittelbarer Nachbarschaft von Spülbohrungen gestoßen wurden.

Im Tagebau „Glückauf" (früher Werminghoff) erfolgte die Erkundung der Lagerstätte südlich der ehemaligen Reichsbahnstrecke bereits vor 1945 vornehmlich durch Spülbohrungen in einem quadratischen Netz von 50 m Seitenlänge. In diesem Netz weisen die Trockenbohrungen einen Abstand von ca. 350 m auf. Auf eine Trockenbohrung entfallen ca. acht Spülbohrungen. Zur Kontrolle der Spülbohrergebnisse wurden 1942—1944 36 Trockenbohrungen in einem Abstand von maximal 20 m von den Spülbohrungen gestoßen.

Der Tagebau Schlabendorf wurde vor einigen Jahren neuaufgeschlossen. Bei den Aufschlußarbeiten sowie beim Abbau des Flözes wurden von den Bohrergebnissen abweichende Verhältnisse angetroffen, die beträchtliche Schwierigkeiten in der Förderung hervorgerufen haben. Auch dieses Feld ist im 100-m-Netz mit Spülbohrungen abgebohrt worden, der Abstand der Trockenbohrungen in diesem Netz beträgt ca. 400 m. Das Verhältnis Trocken- zu Spülbohrungen ist aus Tabelle 1 zu ersehen. Zur Kontrolle der Bohrergebnisse ließ das Werk vom freigeschnittenen Hangenden des Flözes ca. 30 Trockenbohrungen stoßen. Sie sollten Ursache und Größe der Abweichungen feststellen.

Der benachbarte Tagebau Seese wird gegenwärtig aufgeschlossen. Bei der Überprüfung der Vorratsberechnung wurde festgestellt, daß die Bohrungen oft stark voneinander abweichende Ergebnisse erbrachten, die genetisch kaum deutbar, zumindest aber geologisch zweifelhaft waren. Die in diesem Tagebaufeld kritisierten Fehler und Mängel in den Erkundungsergebnissen führten zu einer Nacherkundung. Die Ergebnisse bewiesen die Richtigkeit der Feststellungen und der Kritik der ZVK[3]).

In Abb. 1a—i werden einige charakteristische Beispiele aus den genannten Tagebauen gezeigt. Es fallen folgende Tatsachen auf:

a) abweichende Deckgebirgsverhältnisse,
b) unterschiedliche Flözmächtigkeiten,
c) Nichterkennen bindiger Schichten bzw. Beimengungen sowie geringmächtiger Schichten und
d) abweichende Angaben über Flözhangendes und -liegendes.

Die Spülbohrungen Sp. 1 und Sp. 3 (Abb. 1a, 1b) haben mehr Kohle erbohrt, als effektiv ansteht (Sp. 1 1,70 m, Sp. 3 2,60 m). Das ca. 20—30 cm mächtige Zwischenmittel wurde überbohrt. Die kontrollierte Trockenbohrung T2b zeigt gleichfalls abweichende Verhältnisse. So wurde das Zwischenmittel nicht erkannt und das Flöz geringmächtiger angegeben, als es ist. Die Ursachen sind offenbar in der nicht exakten Bestimmung der erbohrten Sedimente sowie dem Einsatz der Spirale zu suchen. So wurde Schluff als Ton angesprochen und braunkohlenhaltiger Ton als sandige Braunkohle.

Für die in Abb. 1d erkennbaren Widersprüche in den Bohrergebnissen muß eine geologische Ursache abgelehnt werden. Die Bohrungen stehen auf engstem Raum und wurden von vier verschiedenen Bohrmeistern im zeitlichen Abstand von je einem Jahr gestoßen. Es

[3]) Über den Ablauf und die Ergebnisse des Nacherkundungsprogramms werden die verantwortlichen Bearbeiter an anderer Stelle berichten.

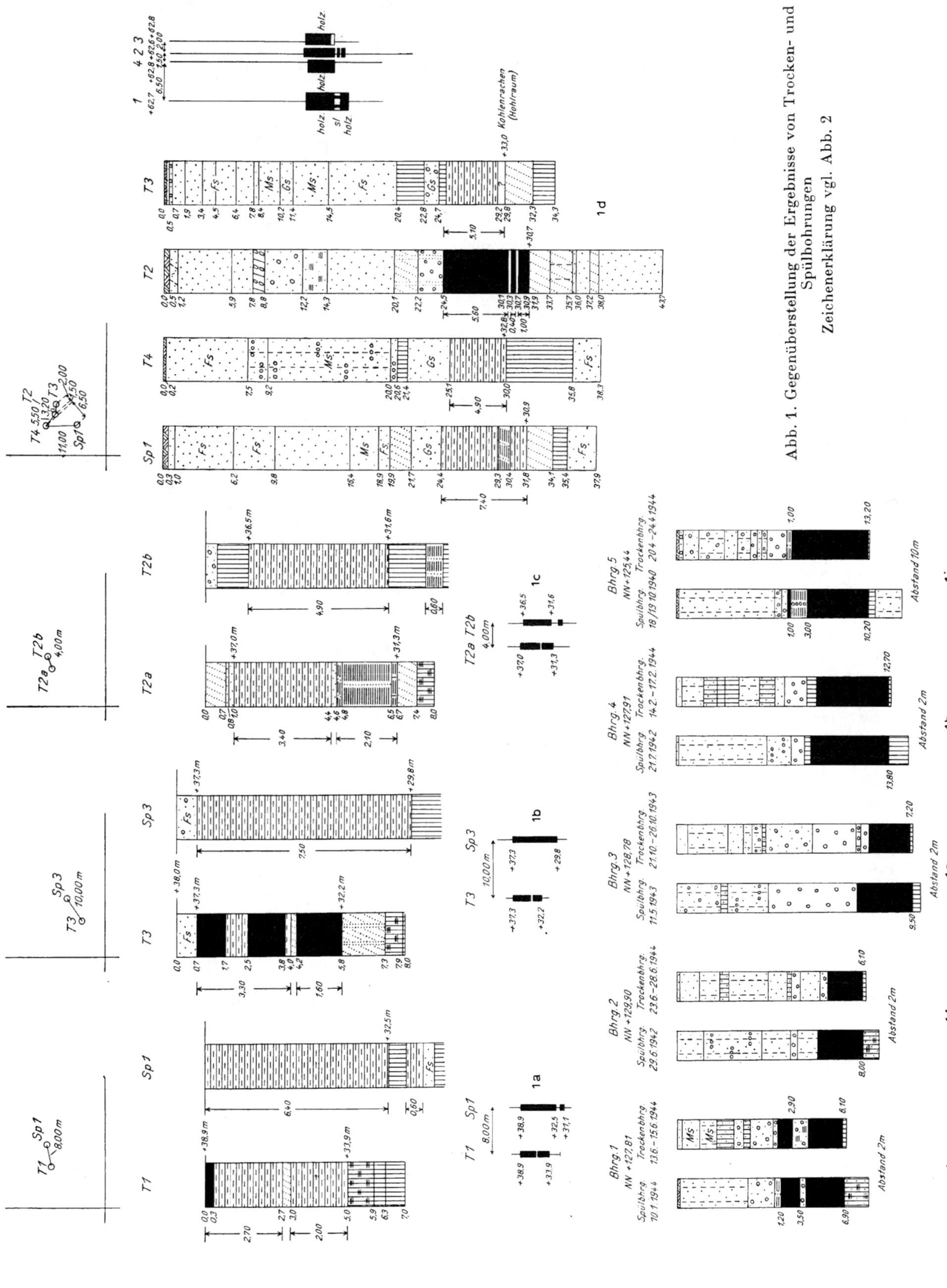

Abb. 1. Gegenüberstellung der Ergebnisse von Trocken- und Spülbohrungen
Zeichenerklärung vgl. Abb. 2

zeigen sich nicht nur Abweichungen bei der Gegenüberstellung von Trocken- und Spülbohrung, sondern auch bei den Trockenbohrungen untereinander. Die Abweichungen sind sowohl im Deckgebirge als auch im Flöz zu erkennen.

Bei den Bohrungen 1—5 (Abb. 1a—i) betragen die Abweichungen bei der Mächtigkeit bis zu 2,30 m (Bhrg. 3). Das Deckgebirge zeigt in den Spülbohrungen einen formalen, eintönigen Schichtenaufbau. Selbst unter Berücksichtigung der Lage der Bohrungen im Urstromtal, wo die Schmelzwassersedimente bis ins unmittelbare Hangende des Flözes reichen, können für derartige Abweichungen die geologischen Verhältnisse nicht als alleinige Ursache angesehen werden. Zur Erklärung der Unterschiede muß auch hier die Unzulänglichkeit des Bohrverfahrens (Spülbohrung) herangezogen werden. Da die hangenden Partien des Flözes stark verunreinigt sind (Bhrg. 1 und 5), werden durch den Spülstrom braune bis schwarze Kohlestückchen gefördert, während die spezifisch schwereren Sande und Kiese noch im Bohrloch bleiben und wesentlich später zutage gespült werden. Die anstehenden Schichten werden falsch beurteilt. Für die Beispiele, bei denen das Hangende und Liegende von Braunkohlenton gebildet wird, treffen die von KLEIN (1915) beschriebenen Folgen zu.

Die vorstehend angeführten Beispiele lassen erkennen, daß die Zuverlässigkeit der Bohrergebnisse, die aus Spülbohrungen erhalten werden, sehr gering ist. Auch die als am zuverlässigsten angesehenen Trockenbohrungen bringen widersprüchliche Ergebnisse. Die Beispiele könnten vervielfacht werden, wobei zu beachten ist, daß es sich besonders in Abb. 1a—d um Bohrungen neueren Datums handelt, die diese unbrauchbaren Ergebnisse lieferten. Für die Bohrungen vor 1945 muß eine noch größere Unzuverlässigkeit angenommen werden.

Es dürfte einleuchten, daß bei so unsicheren Bohrergebnissen von den Geologen und Markscheidern keine Vorratsberechnungen angefertigt werden können, die als technisch-ökonomische Begründungen den Investitionsvorhaben zugrunde gelegt werden können. Die ausgewählten Beispiele beweisen die Richtigkeit der Forderungen der Erkundungsgeologen und der ZVK, wonach Spülbohrungen für die geologische Erkundung von Braunkohlenlagerstätten in der Regel abzulehnen sind.

Tab. 1. Auswertung der erbohrten Flözmächtigkeiten*)

Fläche	Gesamtbohrungen		Trockenbohrungen		Spülbohrungen		Δ	Δ
	Anzahl	⌀ Mächtigkeit	Anzahl	⌀ Mächtigkeit	Anzahl	⌀ Mächtigkeit	5−3	5−7
1	2	3	4	5	6	7	8	9
A	42	4,79	5	3,80	37	4,93	−0,99	−1,13
B	198	5,61	30	4,70	168	5,77	−0,91	−1,07
C	372	5,48	33	4,70	339	5,57	−0,78	−0,81
D	168	5,64	21	4,93	147	5,74	−0,71	−0,81
E	231	6,52	17	6,04	214	6,56	−0,48	−0,52
F	296	7,51	20	7,12	276	7,54	−0,39	−0,42

*) Unter Flözmächtigkeit ist hier die Mächtigkeit der erbohrten Kohle plus Mittel gemeint.

Tab. 2. Auswertung der erbohrten Kohlenmächtigkeiten*)

Schnitt	Gesamtbohrungen		Trockenbohrungen		Spülbohrungen		Δ	Δ
	Anzahl	⌀ Mächtigkeit	Anzahl	⌀ Mächtigkeit	Anzahl	⌀ Mächtigkeit	5−3	5−7
1	2	3	4	5	6	7	8	9
1−1	24	6,00	5**)	5,10	19	6,20	−0,90	−1,10
2−2	16	5,90	4	5,10	12	6,20	−0,80	−1,10
3−3	16	5,50	4	4,10	12	6,00	−1,40	−1,90

*) Die Kohlenmächtigkeit bezieht sich in diesem Falle auf die erbohrte Kohle ohne Mittel.

**) Die Mächtigkeit der Bohrung T 5 wurde nicht zur Mittelbildung benutzt, da offensichtlich zuviel Kohle angegeben wurde.

4. Ergebnisse weiterer Untersuchungen über die Zuverlässigkeit von Trocken- und Spülbohrungen

Die im Abschnitt 3 beschriebenen Gegenüberstellungen von Bohrergebnissen ermöglichen es, die Zuverlässigkeit der Ergebnisse des einen oder anderen Bohrverfahrens nachzuweisen. Es ist jedoch der zusätzliche Einsatz von Bohrungen erforderlich. Weitere Möglichkeiten sind der direkte Vergleich am Stoß zwischen erbohrten und anstehenden Verhältnissen oder indirekte Vergleiche, wie z. B. mit Hilfe geologischer Schnitte, die auf der Grundlage aller Bohrergebnisse konstruiert wurden, statistische Vergleiche anhand der erbohrten Mächtigkeiten des Flözes. Im folgenden sollen die dabei festgestellten Mängel am Beispiel der Lagerstätte Schlabendorf gezeigt werden. Die Untersuchungen beziehen sich auf die Flözmächtigkeit und wurden sowohl seitens der Bearbeiter als auch durch den Verf. durchgeführt.

Beispiel 1: Für eine bestimmte Fläche wurden die erbohrten Mächtigkeiten getrennt nach Trocken- und Spülbohrungen erfaßt und eine Durchschnittsmächtigkeit für die jeweilige Fläche errechnet. Die Ergebnisse sind in Tab. 1 zusammengestellt.

Es sind zwei Besonderheiten zu erkennen:

1. Die Ermittlung der Durchschnittsmächtigkeiten für die einzelnen Flächen basiert auf ca. 90% Spülbohrungen.

2. Die aus den Trockenbohrungen errechneten Durchschnittsmächtigkeiten zeigen generell niedrigere Werte als die der Gesamtbohrungen bzw. der Spülbohrungen.

Beispiel 2: Drei E—W-Schnitte (Abb. 2a) wurden aus allen auf den Schnittspuren zur Verfügung stehenden Bohrergebnissen konstruiert, wobei, mit Schnitt 1 im Norden beginnend, ein Abstand von jeweils 200 m gewählt wurde. Für diese Schnitte ist festzustellen, daß ihr Bild überwiegend von Spülbohrungen geprägt wird.

Das Flöz zeigt Lagerungsverhältnisse, wie sie im Tagebau nicht zu beobachten sind. Das im Tagebau durchgehend aufgeschlossene Mittel wird nur z. T. ausgewiesen. Das Deckgebirge ist besonders im Schnitt 1 und teilweise im Schnitt 2 sehr schematisch und nicht detailliert genug dokumentiert. Es ist fast unmöglich, einzelne Horizonte abzutrennen und ihre Verbreitung zu kennzeichnen. Aber auch die Trockenbohrungen erwecken oft Zweifel an der Richtigkeit der dokumentierten Ergebnisse. So wurde nur in einer Bohrung (T 14) Bänderton erkannt. Es hat sich jedoch beim Aufschluß gezeigt, daß dieser für den Bergbau so wichtige Hori-

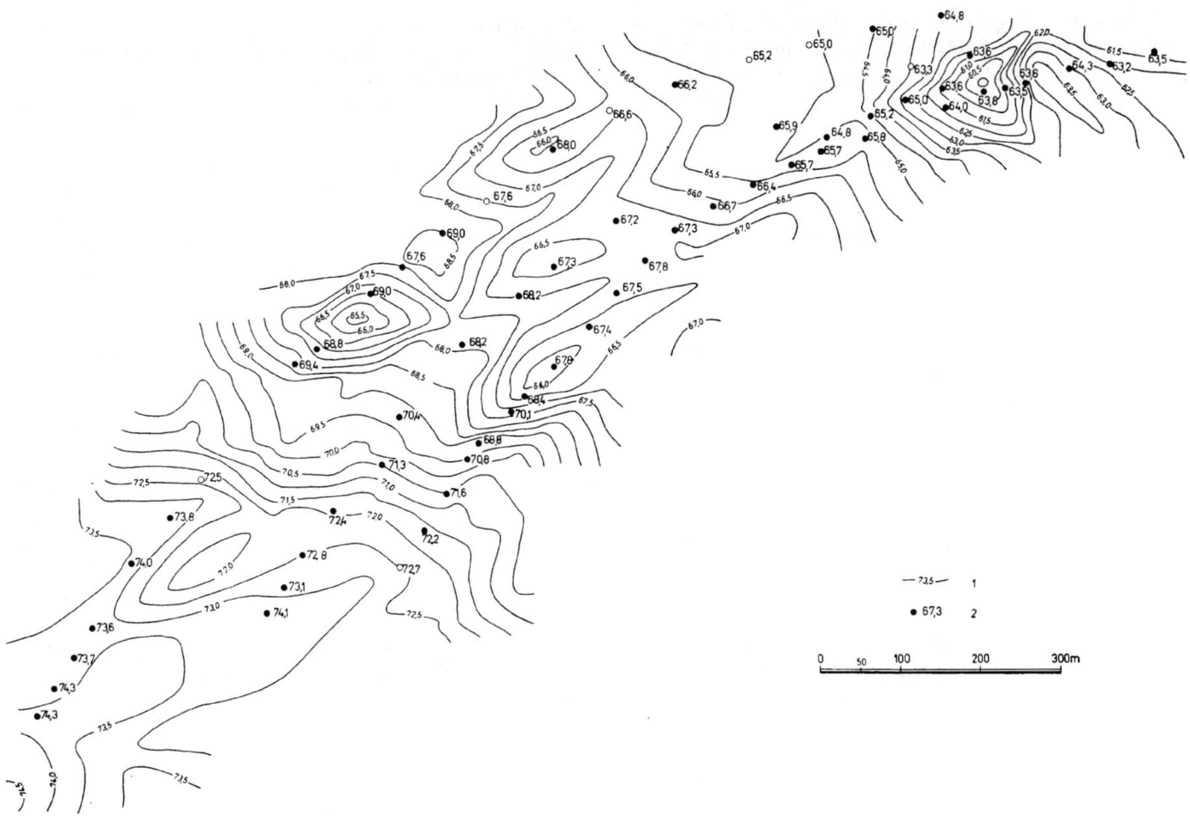

Abb. 3. Vergleich zwischen dem erbohrten und dem anstehenden Liegenden des 2. Lausitzer Flözes
1 – Isohypsen des Liegenden des Flözes, konstruiert aus Bohrergebnissen; 2 – Kontrollbohrungen mit Angabe des anstehenden Liegenden

zont eine ziemlich große Verbreitung besitzt. Die vielen Fragezeichen in den Schnitten sollen auf die vielen ungeklärten geologischen Verhältnisse hinweisen. Bei so vielen offenen Fragen erhält der Bergmann keine Unterlagen, die für eine exakte Betriebsführung ausreichen. Die Ursache ist auch hier vor allem der Einsatz ungeeigneter Bohrverfahren für die geologische Erkundung.

Konstruiert man die gleichen Schnitte nur auf der Grundlage der Trockenbohrergebnisse, so erhält man die in Abb. 2b dargestellten Verhältnisse. Dabei fällt sofort eine wesentlich ruhigere Lage des Flözes auf, so wie sie im Tagebau zu beobachten ist. Auch der Charakter des Zwischenmittels kommt wesentlich deutlicher zum Ausdruck. Es bleiben jedoch auch hier noch zahlreiche Fragen offen, die auf den zu großen Bohrabstand und auf die in den vorhergehenden Abschnitten kritisierten Mängel beim Trockenbohren zurückzuführen sind.

Ferner wurde nach dem Beispiel 1 die Durchschnittsmächtigkeit für jeden Schnitt berechnet. Das Ergebnis zeigt Tab. 2.

Auch hier fallen die gleichen Besonderheiten auf wie in Tab. 1, abweichende Mächtigkeiten und eine Überzahl von Spülbohrungen.

Da im Tagebau größenordnungsmäßig die gleichen Flöz- bzw. Kohlenmächtigkeiten angetroffen wurden, wie sie die Trockenbohrungen voraussagten, können folgende Schlußfolgerungen gezogen werden:

1. Spülbohrungen liefern keine brauchbaren und zuverlässigen Erkundungsergebnisse, und

2. Trockenbohrungen liefern nur dann zuverlässige Angaben, wenn sie sorgfältig niedergebracht und geologisch betreut werden.

Der Aufschluß des Tagebaus Schlabendorf hat gezeigt, daß die geologischen Verhältnisse keineswegs so einfach sind, wie bei der Projektierung der Erkundungsarbeiten angenommen wurde und wie es die Spülbohrergebnisse vortäuschen. Das beweist gleichzeitig, daß die vielfach vertretene Hypothese, daß das Deckgebirge des Lausitzer Unterflözes „meist gleichmäßig sandig" ist (Kegel 1953), nicht für alle Lagerstätten zutrifft. Daß auch bei Lagerstätten im Bereich des Urstromtales Abweichungen bzw. falsche Ergebnisse durch Spülbohrungen erhalten werden, zeigen die Beispiele aus dem Tagebau „Glückauf" sowie die Untersuchungen im Tagebau „Spreetal". Letztere sollen nachfolgend mitgeteilt werden.

Innerhalb eines ca. 1500 m langen und ca. 400 m breiten Streifens wurden 61 Peilstangenbohrungen zur Bestimmung des anstehenden Liegenden des Flözes gestoßen. Sie wurden nach dem Abbau des Flözes geschlagen und höhen- und lagemäßig eingemessen. In diesem etwa 0,6 km² großen Streifen stehen 92 Erkundungsbohrungen, davon 80 Spül- und 12 Trockenbohrungen aus den Jahren 1951 bis 1957.

Vom Verf. wurden auf der Grundlage der Bohrergebnisse Liegendkurven des Flözes konstruiert und in diese Karte das mittels der Kontrollbohrungen festgestellte Liegende eingetragen (Abb. 3). Es ist zu erkennen, daß nur bei 7 von 61 Kontrollen das Liegende da angetroffen wurde, wo es nach den Bohrergebnissen zu erwarten war. In allen übrigen 54 Kontrollöchern gab es Abweichungen, die bis zwei Meter und mehr betragen. Dabei wurde in den Erkundungsbohrungen das Liegende des Flözes immer zu tief angegeben. Das trifft für alle Spülbohrungen zu. Bei den Trockenbohrungen sind die Differenzen geringer, doch auch bei ihnen wurde das Liegende stets tiefer angegeben. Die Ursachen für diese Differenzen dürften in erster Linie in der Unzulänglichkeit des Spülbohrverfahrens liegen, zumal das unmittelbare Liegende des Flözes aus Braunkohlenton besteht.

Von den verschiedenen Fachkollegen wird als Ursache eine Entlastung des Liegenden durch den Abbau und damit eine Hebung der Schichten angesehen. Die sich dabei ergebenden Beträge werden bei einer durchschnittlichen Deckgebirgsmächtigkeit von ca. 40 m nicht um Meter schwanken, sondern höchstens bei einigen cm pro Abraum- und Kohlenschnitt liegen. Bei drei Abraum- und zwei Kohlenschnitten können die Hebungen vielleicht einige dm betragen; da die Differenzen im Durchschnitt 1 m und größer sind, kann die Entlastung des Liegenden nicht als alleinige Ursache angesehen werden.

Die Spülbohrungen sollen als betriebliche Untersuchungsbohrungen das Hangende und Liegende sowie die Mächtigkeiten des Flözes angeben, damit die Entwässerungsstrecken, die Kohlenschnitte u. a. technologisch wichtige Arbeiten projektiert werden können. Es steht wohl außer Zweifel, daß das bei derartigen Bohrergebnissen auf Schwierigkeiten stößt.

5. Schlußfolgerungen

Aus den dargelegten Beispielen sowie unter Berücksichtigung der aus der Literatur bekannten Hinweise ergeben sich für die Beurteilung von Spül- und Trockenbohrergebnissen folgende Schlußfolgerungen:

1. Spülbohrungen liefern für die geologische Erkundung in der Regel unzuverlässige Angaben. Ihre Bohrergebnisse sind für eine Auswertung und Einschätzung der geologisch-lagerstättenkundlichen Verhältnisse unbrauchbar.

2. Auch für die sogenannten betrieblichen Untersuchungen sind die Ergebnisse von Spülbohrungen nur bedingt auswertbar, da sie die benötigten Angaben über Hangendes und Liegendes des Flözes sowie dessen Mächtigkeit und die Verbreitung von Mitteln nur unzuverlässig erbringen. Über das Deckgebirge sind nur geringe Aussagen möglich.

3. Trockenbohrungen liefern dann objektive Ergebnisse, wenn ihr Niederbringen sehr sorgfältig erfolgt, die Kohle mit der Schappe erbohrt wird und eine laufende Betreuung durch geologische Fachkräfte gewährleistet ist.

Aus diesen Folgerungen ergeben sich zwei Fragen:

a) Welches Bohrverfahren liefert die zuverlässigsten Ergebnisse?

b) Welche Möglichkeiten gibt es zur Steigerung der Arbeitsproduktivität und zur Erhöhung der Rentabilität der Erkundung?

Die zuverlässigsten Ergebnisse für den Erkundungsgeologen liefert die Kernbohrung mit geophysikalischer Bohrlochvermessung. Das bedingt jedoch einen hohen Kerngewinn — im Idealfall 100% — und eine einwandfreie Interpretation der geophysikalischen Meßergebnisse. Über die Aussagekraft der geophysikalischen Bohrlochmessungen hat ROTHE (1961) speziell für die Braunkohlenerkundung Ausführungen gemacht. Verf. hält es jedoch für notwendig, darauf hinzuweisen, daß diese Darlegungen nicht zu sehr verallgemeinert werden dürfen, sondern daß noch Verbesserungen von Instrumenten und Meßmethoden erforderlich sind. Die bereits erzielten Ergebnisse haben jedoch den Beweis erbracht, daß die geophysikalischen Meßmethoden eine vollwertige Erkundungsmethode sind (MIRONOW 1960; SCHÄFFER in einem Diskussionsbeitrag zu HELLSTRÖM 1957).

Für die Erreichung eines hohen Kerngewinns ist neben einem einwandfreien Bohrwerkzeug — für die Braunkohlenerkundung das Doppelkernrohr — auch eine zuverlässige Bohrmannschaft wichtig. Sowohl der Bohrbetrieb der Braunkohlenindustrie als auch die Erkundungsbetriebe der VVB Feste Minerale haben den Beweis erbracht, daß im Flöz sowie in bindigen Schichten 100%iger Kerngewinn möglich ist. Durch geeignetes Bohrwerkzeug sowie qualifizierte Bohrmannschaften müßte es möglich sein, solchen Kerngewinn selbstverständlich werden zu lassen.

Daneben wird die Trockenbohrung weiterhin unentbehrlich bleiben, da sie für die hydrogeologischen Untersuchungen wichtig ist.

Eine sinnvolle Erkundung unserer Braunkohlenlagerstätten mit diesen beiden Bohrverfahren ermöglicht eine zuverlässige Aussage über die geologischen und lagerstättenkundlichen Verhältnisse des Erkundungsgebiets und somit Unterlagen, die eine wissenschaftliche Projektierung ermöglichen.

Unter dem Gesichtspunkt der Rentabilität und der Steigerung der Arbeitsproduktivität ist jedoch das Spülbohren nicht restlos zu verwerfen. Als Verdichtungsbohrung für eingehendere betriebliche Untersuchungen ist es aber nur zu verwenden, wenn eine geophysikalische Vermessung des Bohrlochs möglich ist. Solange das nicht gesichert ist, bleiben ihre Bohrergebnisse so gut wie wertlos. Im Ausland und besonders in Westdeutschland wird die Braunkohlenerkundung zu einem hohen Prozentsatz mit Hilfe geophysikalisch vermessener Spülbohrungen durchgeführt, um den erforderlichen Vorlauf in der Erkundung zu erreichen. „Hierbei ermöglichte erst die Anwendung der elektrischen Bohrlochmessung den Übergang zum Spülbohrverfahren" (SCHÄFFER in der Diskussion zu HELLSTRÖM 1957) (Sperrung vom Verf.).

Anhand der zahlreichen Beispiele über die zweifelhaften Ergebnisse von Spülbohrungen und auch von Trockenbohrungen vertritt die ZVK folgende Auffassung:

1. Spülbohrungen liefern für die Braunkohlenerkundung nur wenig verläßliche Angaben. Sie sind erst von Nutzen, wenn eine geophysikalische Vermessung des Bohrlochs erfolgen kann. Für die Vorratsberechnung dürfen Ergebnisse von Spülbohrungen ohne geophysikalische Vermessung nur benutzt werden, wenn einwandfrei und durch Kontrollen nachgewiesen werden kann, daß die dokumentierten Verhältnisse den geologischen Verhältnissen entsprechen. Ihre Ver-

wendung zur Lagerstättenbegrenzung und zur Massenberechnung ist dann möglich.

2. Trockenbohrungen mit vorliegendem Schichtenverzeichnis und Analysenergebnissen können zur Lagerstättenbegrenzung und Massenberechnung sowie zur gruppen- und klassenmäßigen Einstufung der Vorräte benutzt werden. Bei Trockenbohrungen, von denen bekannt ist, daß keine laufende geologische Betreuung erfolgte und die Probenahme nicht gemäß den geltenden Richtlinien durchgeführt wurde, ist der Nachweis ihrer Zuverlässigkeit gemäß Punkt 5.161 der 1. Braunkohleninstruktion zu erbringen.

3. Kernbohrungen besitzen dann verläßliche Aussagekraft, wenn hoher Kerngewinn vorliegt und sie geophysikalisch vermessen sind. Sind beide Forderungen erfüllt, können diese Bohrungen für die Vorratsberechnung als vollwertig angesehen werden.

Zusammenfassung

Anhand zahlreicher Gegenüberstellungen von Trocken- und Spülbohrergebnissen sowie anderer Untersuchungen wird nachgewiesen, daß Spülbohrungen in der Regel wenig verläßliche Angaben für die geologische Erkundung liefern. Ihr gegenwärtig hoher Anteil an der Gesamtzahl der Erkundungsbohrungen ist nicht gerechtfertigt und steht im Widerspruch zu den Forderungen der Geologen. Spülbohrungen können nur dann eingesetzt werden, wenn ihre geophysikalische Vermessung möglich ist. Auch die als zuverlässig angesehenen Trockenbohrungen sind kritisch zu betrachten, wenn sie nicht ständig durch geologische Fachkräfte überwacht werden. Es werden die sich ergebenden Schlußfolgerungen dargelegt und Vorschläge für die Verbesserung der Erkundung gemacht.

Резюме

На основе многочисленных сопоставлений результатов сухого и промывочного бурения, а также других исследований, доказывается, что промывочные скважины, как правило, дают мало надежных данных для геологической разведки. Большая доля их теперь в общей сумме разведочных скважин не оправдана и противоречит требованиям геологов. Промывочные скважины можно заложить только тогда, если их геофизический каротаж является возможным. Надо также критически относиться к сухим скважинам, рассмотренным как надежные, если они не постоянно обслуживаются персоналом с геологической подготовкой. Излагаются получающиеся выводы и делаются предложения для улучшения разведки.

Summary

Numerous comparisons of dry and flush-sample drilling results as well as other investigations show that, as a rule, flush-sample drillings give few reliable data for geological reconnaissance. Their at present high part in the total number of reconnaissance drillings is not justified, and is in contrast with the requirements of the geologists. Flush-sample drillings are only practicable if their geophysical measurement is possible. Dry-sample drillings regarded as reliable must also be considered critically, unless they are continuously supervised by geological specialists. Conclusions to be drawn are described and proposals are made to improve reconnaissance.

Literatur

Bilkenroth, G.: Untersuchung und Erfassung von Braunkohlenlagerstätten in der Deutschen Demokratischen Republik und Auswertung der Ergebnisse für Planung und Projektierung. — Bergbautechnik, 8, 12, 602—609 (1958).

Grumbrecht, G.: Leitfaden des Braunkohlenbergbaues. — Verl. Wilhelm Knapp, S. 38—43, Halle 1949.

Kegel, K.: Lehrbuch des Braunkohlentagebaues. — Verl. Wilhelm Knapp, S. 3—7, Halle 1953.

Klein, G.: Handbuch für den deutschen Braunkohlenbergbau. — Verl. Wilhelm Knapp, S. 276—283, Halle 1915.

Koch, E.: Vergleich der geologischen Ergebnisse einer Spülbohrung mit denen einer engbenachbarten Trockenbohrung (Mitteil. aus dem geol. Landesamt Hamburg, Nr. 5). — Bohrtechnik und Brunnenbau, 4, 8—10 (1953).

Mironow, K. W.: Die Verwendung elektrischer Bohrlochmessungen für die Berechnung von Kohlenvorräten. — Z. angew. Geol., 6, 12, 604—607, Berlin 1960.

Pietzsch, K.: Zur Bewertung von Spül- und Trockenbohrungen. — Braunkohle, 20, 305—308 (1935).

Rex, M.: Bohrtechnische Probleme bei der Erkundung der Braunkohlenlagerstätten. — Ber. geol. Ges. DDR, 7, 3, 379—383 (1962).

Rothe, K.: Geophysikalische Messungen zur Braunkohlenerkundung. — Freiberger Forsch.-H. A 180, 53—63 (1961).

Spelter, M.: Betrachtung über die Braunkohlenerkundung durch Untersuchungsbohrungen im mitteldeutschen Raum. — Bergakad., 12, 2, 66—70 (1960).

Strzodka, K.: Einige grundsätzliche Gedanken und Vorschläge zur Verbesserung des Untersuchungsbohrprogramms bei Braunkohlen-Tagebaufeldern. — Bergbautechnik, 9, 9, 457—462 (1959)

Diskussion zum Vortrag Hellström „Die Einführung des Saugbohrverfahrens im Braunkohlentagebau der DDR". — Freiberger Forsch.-H. A 96, 2. Tagebautechnisches Kolloquium vom 1. bis 2. Nov. 1957 in Freiberg.

Instruktion zur Anwendung der „Klassifikation der Lagerstättenvorräte fester mineralischer Rohstoffe" auf Braunkohlenlagerstätten der Deutschen Demokratischen Republik. — Z. angew. Geol., 6, 5, 222—226, Berlin 1960.

Unterlagen aus Vorratsberechnungen.

Protokolle der ZVK-Sitzungen.

Zusätzliche Unterlagen und mündliche Hinweise der Bearbeiter von Vorratsberechnungen.

Berechnung von Braunkohlenlagerstätten mit einer programmgesteuerten Rechenanlage[1]

Helmut Eggert, Schwarze Pumpe

1. Vorratsberechnungen für Braunkohlenlagerstätten

Vorräte in Braunkohlenfeldern, deren Untersuchungsbohrprogramm abgeschlossen ist, wird man unter Berücksichtigung der Aufgaben des Tagebaubetriebs möglichst jahresscheibenweise so genau, wie es die Untersuchung gestattet, berechnen. Gleichmäßig abgebohrte Lagerstätten lassen sich ohne großen Aufwand behandeln, indem die planimetrierte oder numerisch ermittelte Gesamtfläche mit dem einfachen arithmetischen Mittel aller Mächtigkeiten multipliziert wird. Dieses einfache und schnelle Berechnungsverfahren ist jedoch für einen Teil der durchzuführenden Vorratsberechnungen nicht zu verwenden, da eine vollkommene Gleichmäßigkeit selten zu erwarten ist. Man muß nach der zulässigen Ungleichmäßigkeit fragen.

Für die Differenz zwischen einer Berechnung mit der Gesamtfläche und dem einfachen arithmetischen Mittel und einer Berechnung aus Teilflächen und den zugehörigen Mächtigkeiten ergibt sich folgende Beziehung:

$$d\,[\%] = \frac{(Fa - fA)\,(m_1 - m_2) \cdot 100}{(m_1 F + m_2 f)\,(A + a)} \qquad (1)$$

F = Feldesfläche mit normalem Bohrlochabstand und normalen Mächtigkeiten;

[1] Eingang des Manuskripts in der Redaktion: 9. 7. 1962

f = Fläche mit anderem Bohrlochabstand und anderer Mächtigkeit;
A = Anzahl der Bohrungen in F;
a = Anzahl der Bohrungen in f;
m_1 = Mächtigkeit in F [m];
m_2 = Mächtigkeit in f [m];
n = f in % von F.

Treten innerhalb eines Feldes die in Bohrlochdichte und Mächtigkeit abweichenden Teile zusammenhängend an nur wenigen Stellen auf, so wird man diese Teile gesondert berechnen, d. h., es werden Flächengewichte eingeführt. Ist das nicht der Fall, muß man nach einer Überschlagsrechnung abschätzen, ob eine Berechnung mit der Gesamtfläche und dem einfachen arithmetischen Mittel aller Mächtigkeiten ausreicht oder nicht.

Zur Verdeutlichung der zu erwartenden Genauigkeit sollen die Diagramme (nach Formel 1) in den Abb. 1—3 dienen.

In Abb. 1 ist der Fehler in Abhängigkeit von der Mächtigkeit des dichter abgebohrten Feldesteiles angegeben. Dabei wurden folgende Fälle herausgegriffen:

1. $f = \frac{F}{100}$; 200 m — Bohrnetz in F; 25 m — Bohrnetz in f, für $m_1 = 20$ m, $m_1 = 15$ m, $m_1 = 10$ m, $m_1 = 5$ m ausgezogene Linien.
2. $f = \frac{F}{100}$; 100 m — Bohrnetz in F; 25 m — Bohrnetz in f, für $m_1 = 15$ m, $m_1 = 10$ m, $m_1 = 5$ m strichpunktierte Linien.
3. $f = \frac{F}{100}$; 100 m — Bohrnetz in F; 50 m — Bohrnetz in f, für $m_1 = 15$ m, $m_1 = 10$ m, $m_1 = 5$ m gerissene Linien.

Für flache Lagerung können alle drei Sonderfälle bei der Berechnung eines Vorrates der Klasse A auftreten. Aus Abb. 1 ist ersichtlich, daß z. B. eine Fläche, die auf 25 m abgebohrt ist und 1% der auf 200 m abgebohrten Fläche F beträgt, bei einer Mächtigkeit in F von 10 m und einer Mächtigkeit in f von 5 m einen Fehler von 19% ergibt.

In Abb. 2 ist für den Sonderfall

$$f = \frac{F}{100} = 1\%, \ 100 \text{ m} - \text{Bohrnetz in F};$$
$$m_1 = 15 \text{ m}; \ m_2 = 10$$

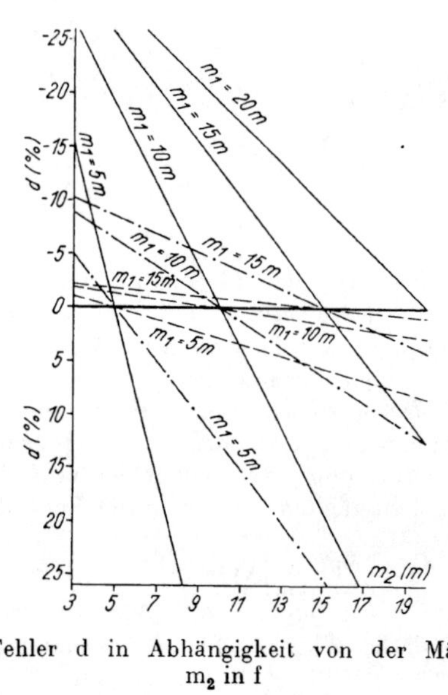

Abb. 1. Fehler d in Abhängigkeit von der Mächtigkeit m_2 in f

der zu erwartende Fehler in Abhängigkeit von dem Bohrlochabstand x in f dargestellt. Wird x < 50 m, so nimmt der Fehler d sehr schnell zu.

Für

100 m — Bohrnetz in F; 25 m — Bohrnetz in f; $m_1 = 15\ m_1$; $m_2 = 10$ m

ist in Abb. 3 die Abhängigkeit des Fehlers d von n angegeben.

Genauere Verfahren verlangen größeren Personal- und Zeitaufwand, und es ist demzufolge notwendig, den Einsatz der neuen Technik auf diesem Gebiet zu untersuchen, um eine Rationalisierung der Verfahren zu erreichen.

2. Massenberechnungen mit Hilfe des programmgesteuerten Rechners mit Lochkarten PRL

Für markscheiderische Massenberechnungen im Braunkohlentagebau wurde die Einsatzmöglichkeit eines programmgesteuerten elektronischen Rechners untersucht. Dabei erwies sich der beim VEB Elektronische Rechenmaschinen entwickelte programmgesteuerte Rechner

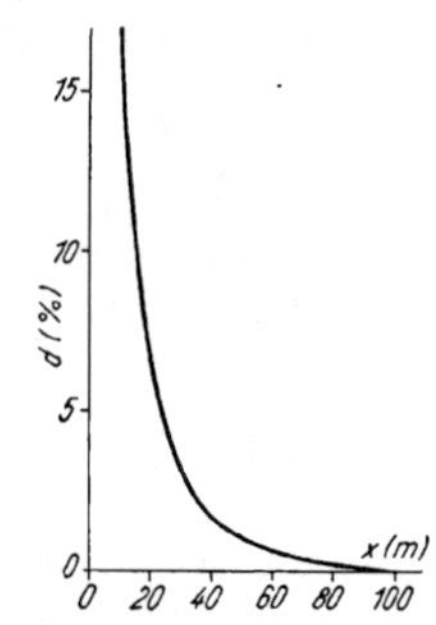

Abb. 2. Fehler d in Abhängigkeit vom Bohrlochabstand x in f

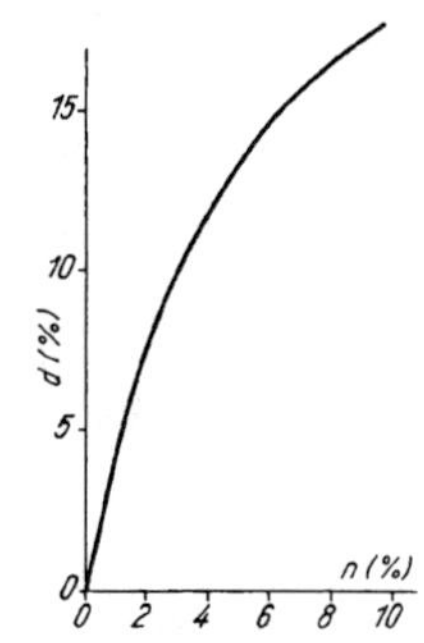

Abb. 3. Fehler d in Abhängigkeit von n

mit Lochkarten PRL aus folgenden Gründen als geeignet:

1. Die Anlage arbeitet mit Lochkarten in der Ein- und Ausgabe.
2. Befehls- und Speicheraufbau gestatten die vollständige Programmierung der Aufgabenstellung.
3. Es ist eventuell damit zu rechnen, daß eine im Prinzip ähnliche Anlage in Serienfertigung geht.

Die Verwendung von Lochkarten ist wegen verschiedener Besonderheiten der Aufgabenstellung erforderlich:

1. Es muß eine große Zahl von Eingabewerten mit relativ geringem Rechenaufwand bearbeitet werden.
2. Bei einer Berechnung des in einem bestimmten Zeitraum bewegten Abraumkörpers müssen die aufgenommenen Kanten- und Planumspunkte zweimal verwendet werden, d. h., es muß eine langfristige Speicherung möglich sein.
3. Um den Massenkörper durch einzelne geometrisch bestimmte Teilkörper erfassen zu können, müssen die Meßpunkte einander nach einem festgelegten System zugeordnet werden.

Die Bearbeitung des markscheiderischen Abraumaufmaßes erstreckt sich über die eigentliche Massenberechnung hinaus auch auf die Tachymeterzug-, Höhen- und Koordinatenberechnung sowie auf die Bestimmung verschiedener Korrekturen. Dadurch wird der Programmumfang entsprechend groß, und es werden mehrere Rechendurchläufe erforderlich. Für die Vor-

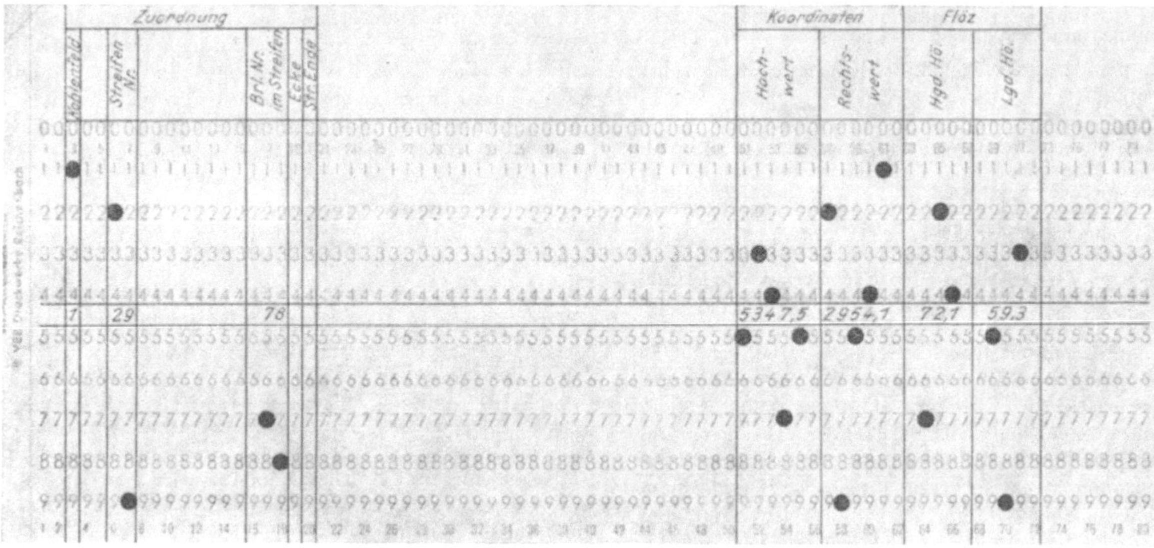

Abb. 4. Lochkarteneinteilung zur Berechnung des gesamten Flözinhaltes

ratsberechnung entfallen diese zusätzlichen Berechnungen, so daß zwei Rechendurchläufe genügen.

3. Lochkarten, Lochkartenmaschinen und PRL

Sämtliche in der DDR hergestellten Lochkartenanlagen arbeiten mit der 80spaltigen international genormten Lochkarte.

In diese Lochkarte können 80 Dezimalziffern eingegeben werden, die zu bestimmten Gruppen zusammengefaßt Zuordnungsmerkmale, Steuerhinweise für den Rechner oder Ein- bzw. Ausgabedaten darstellen. Die Einteilung einer Lochkarte für die Vorratsberechnung zeigt Abb. 4.

Weitere Formen der Dokumentation von Werten sind Lochstreifen mit verschiedenen Codes. Vorteile gegenüber der Lochkarte sind bessere Einführungsmöglichkeiten in die datenverarbeitenden Aggregate, geringere Masse und Anschlußmöglichkeit der Locheinrichtung an Schreibmaschinen und andere Geräte. Die Nachteile des Lochstreifens gegenüber der Lochkarte sind hauptsächlich:

- schlechte Sortiermöglichkeit,
- schlechte direkte Lesbarkeit,
- das Fehlen der Möglichkeit, Klartext oder Einteilungen aufzudrucken,
- keine sichtbare Trennung bestimmter Gruppen.

Mit Hilfe eines Magnetlochers werden die Eingabewerte über eine mit elektromagnetisch arbeitenden Lochstempeln verbundene Tastatur vom Beleg in die Karte gegeben. Von Remington wurde der Sichtlocher Typ 14 entwickelt, bei dem der Stanzvorgang erst nach Eingabe sämtlicher Daten in die Tastatur erfolgt. Laut Herstellerwerk beträgt die Leistung für dieses Gerät 20000 Anschläge pro Stunde.

Die Prüfung dieses Vorgangs kann dadurch erfolgen, daß die Eingabewerte noch einmal vom Beleg in den Magnetlochprüfer eingetastet werden, der an Stelle der Lochstempel mit Abfühlbürsten ausgerüstet ist und bei Nichtübereinstimmung der eingegebenen Werte mit den in der Karte vorhandenen Lochungen blokkiert.

Sortiermaschinen (Abb. 5) gestatten, in einem Durchlauf die Karten nach den in einer Spalte vorhandenen Lochungen zu trennen. Soll nach n Spalten, d. h. nach einer n-stelligen Dezimalzahl, sortiert werden, so sind n Kartendurchläufe erforderlich.

Zum Herausschreiben des gelochten Karteninhaltes auf einen Papierstreifen und zur Bildung von Summen über mehrere Spaltenbereiche einer Karte (horizontal) oder für einen Spaltenbereich über mehrere Lochkarten wird die Tabelliermaschine verwendet. Dieses Aggregat ist für folgende Vorgänge einzusetzen:

a) Der Gesamtinhalt der Lochkarte oder Teile desselben können in beliebigen Gruppen auf einem Papierstreifen ausgedruckt werden.

b) Verschiedene mit einem gleichen Kennzeichen versehene aufeinanderfolgende Lochkarten können gruppenweise zusammengefaßt werden.

c) Es kann senkrecht und quer addiert und subtrahiert werden.

d) Eine Tabelliermaschine kann mit einem Elektronenrechner gekoppelt werden.

Der gewünschte Arbeitsablauf wird auf einer auswechselbaren Stecktafel programmiert.

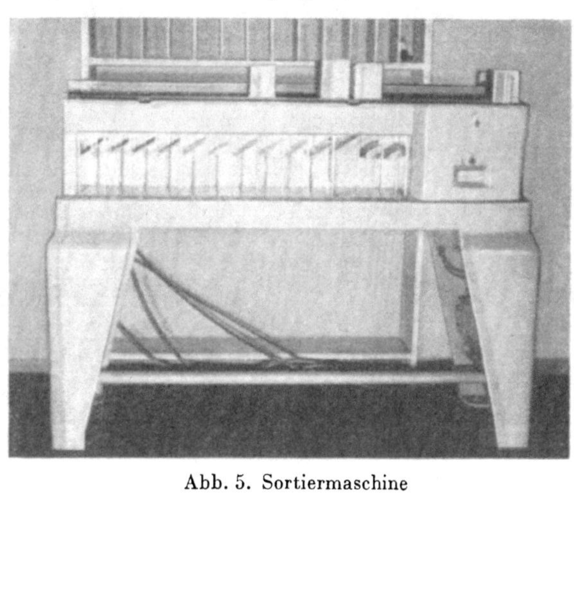

Abb. 5. Sortiermaschine

Die Leistung der Tabelliermaschine beträgt durchschnittlich 9000 Karten pro Stunde.

Mit dem Doppler können Arbeitsgänge ausgeführt werden, die

a) vorhandene Kartensätze duplizieren,

b) aus einem vorhandenen Kartensatz in einen zweiten Kartensatz Ausschnitte in die gleiche Spaltenzone oder an eine andere Stelle übertragen,

c) von einer Karte den gesamten Inhalt oder Teile desselben in eine beliebig große Zahl von Tochterkarten bringen,

d) Teile oder Gesamtinhalt eines Kartensatzes mit den entsprechenden Teilen eines zweiten Kartensatzes vergleichen,

e) Ein- und Ausgabevorgänge für eine programmgesteuerte Rechenanlage sind.

Der programmgesteuerte Rechner mit Lochkarten (PRL) (Abb. 6 und 7) ist ein vom VEB Elektronische Rechenmaschinen Karl-Marx-Stadt entwickelter elektronenröhrenbestückter Digitalrechner. Die Programmierung für die Ein- und Ausgabe ist auf der auswechselbaren Dopplerstecktafel vorzunehmen. Der Befehlsablauf für den Rechner wird auf 4 ebenfalls auswechselbaren Stecktafeln festgelegt. Zur Bearbeitung des Inhaltes einer Lochkarte werden 500 ms benötigt, von denen 300 ms für die Übergabe bzw. -nahme verbraucht werden, so daß für den Rechenablauf noch 200 ms verbleiben. Die durchschnittlichen Rechenzeiten für die Elementaroperationen betragen:

Addition und Subtraktion	0,25 ms
Multiplikation	2,5 ms
Division	4,0 ms

Reicht für eine spezielle Programmierung die Zeit von 200 ms nicht aus, so kann nach dem sogenannten Start-Stop-Prinzip gearbeitet werden, d. h., die nächste Eingabe vom Doppler wird durch Aus- und Wiedereinschalten verzögert.

4. Ablauf der Vorratsberechnung

Berechnungsprinzip

Um eine Berechnung automatisieren zu können, ist es erforderlich, daß die Ausgangswerte in eine strenge logische Beziehung zueinander gebracht werden. Für eine Vorratsberechnung von Braunkohlenflözen sind diese Ausgangspunkte die Bohrergebnisse. Demzufolge muß die Lage der Bohrungen zueinander numerisch geklärt werden. Die vorhandene Bohrlochnumerierung gewährleistet keine Systematik, da sie meistens nach zeitlicher Folge des Niederbringens und lagemäßig nach Gemarkungen erfolgte. Eine neu vorzunehmende Numerierung muß eine Dreieckseinteilung, wie aus Abb. 8 ersichtlich, gestatten. Alle annähernd auf einem Hochwert liegenden Bohrungen bekommen ein gemeinsames Merkmal durch die Streifennummer (s. Abb. 4, Spalte 6 und 7). Innerhalb eines jeden Streifens werden die Bohrungen fortlaufend von Westen nach Osten beziffert (Bohrlochnummer im Streifen s. Abb. 4, Spalte 16—18). Jeweils zwei dieser Streifen lassen sich zu einer Dreieckskette zusammenfassen, deren Flözinhalt berechnet wird.

Für jedes einzelne Dreieck einer Kette werden zwei Dreikantprismen bestimmt. Das erste reicht von der gemeinsamen Grundfläche beider Prismen, dem NN-Horizont, bis zum Flözhangenden und das zweite bis zum Flözliegenden. Dreieckskettenweise wird die Differenz beider Prismeninhalte gebildet, die dem Flözkörper entspricht.

Für den Fall, daß Bohrungen durch ihre Lage die Form der Dreiecke sehr ungünstig beeinflussen, kann man sie (wie in Abb. 8 bei 8—8.1. und 9—5.1) durch entsprechende Numerierung einem Dreieck zuordnen, ohne sie als Dreieckseckpunkt zu verwenden. Hierbei gehen lediglich die beiden Höhenangaben (Hgd. und Lgd.) in die Berechnung ein, so daß die Deckflächenhöhen der Prismen nicht als Mittel aus 3, sondern aus 4 Werten gebildet werden. Eine weitere Erleichterung bei der Einteilung in Dreiecksketten ist durch das Einfügen einer „Ecke“ (s. Abb. 4, Spalte 19) gegeben. Hierbei können zwei Bohrlöcher des Streifens n einem Bohrloch des Streifens n + 1 zugeordnet werden.

Treten im Flöz umfangreichere Mittel auf, so muß für den Mittelkörper eine zweite Berechnung vorgenommen werden. Geringere Mittel, die sich tagebautechnologisch nicht aushalten lassen, sind dem Flözkörper einzubeziehen und bei der qualitativen Bewertung entsprechend zu berücksichtigen.

Lagemäßig ausgewiesene Blöcke von verschiedener Qualität oder Vorratsklasse sind schon bei der Numerierung der Bohrungen getrennt zu behandeln. Auch bei unterschiedlicher Bohrlochdichte innerhalb einer Vorratsklasse kann man eine getrennte Berechnung auf diese Weise vornehmen.

Ist eine Unterteilung der Qualitäten in vertikaler Richtung erforderlich, so muß die Rechnung bei gleicher Numerierung für jeden Mächtigkeitsblock wiederholt werden, d. h., es ist wie bei einem Mehrflözfeld zu verfahren.

Vorarbeiten

Während bei der Anfertigung von Lochkarten für kommerzielle Rechnungen und auch für verschiedene technische Aufgaben listenmäßige Belege vor-

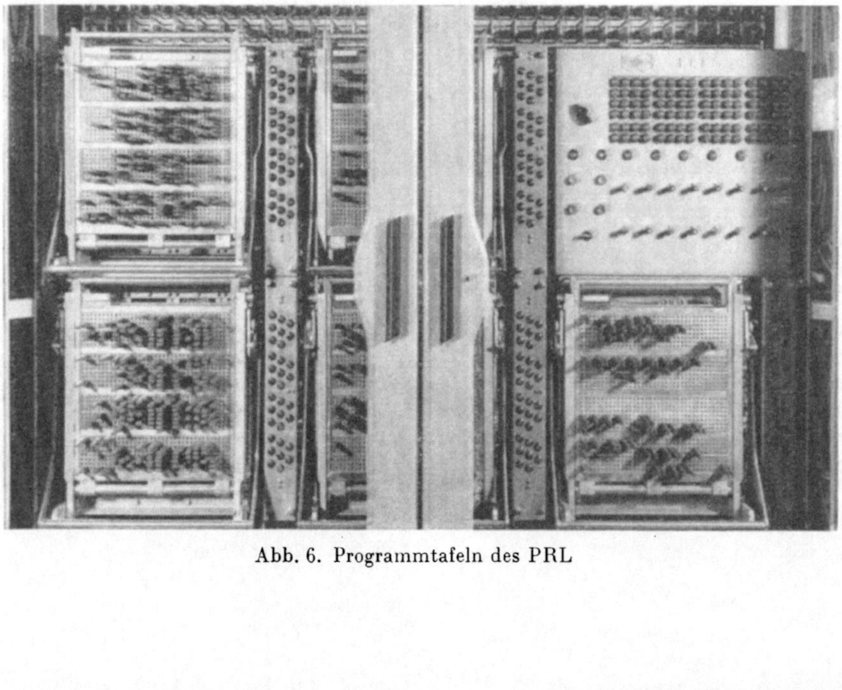

Abb. 6. Programmtafeln des PRL

Abb. 7. Steuerschrank des PRL

liegen, ist bei Durchführung einer Vorratsberechnung bei der derzeitigen Form der Unterlagen die Verwendung von Bohrrissen unumgänglich.

Ganz allgemein ist an dieser Stelle zu bemerken, daß auch in vielen anderen Aufgabengebieten ähnliche Schwierigkeiten bei der Einführung automatischer Rechen- oder Ordnungstechnik auftreten, da die früheren Arbeitsabläufe oft durch Lösung verschiedener Teilaufgaben auf geometrischem Wege vereinfacht werden konnten und diese Technologie weit verbreitet ist.

Die oben beschriebene Einteilung in Dreiecksketten wird vorteilhaft auf einer Ablichtung der Bohrrisse vorgenommen, in die vorher die Unterteilung in Qualitäten und Klassen einzutragen ist. Die Eckpunkte der Begrenzungslinien eines Blockes, die meist einer Interpolation entstammen, müssen für die Berechnung wie Bohrlöcher behandelt werden.

Bei der Bezifferung der Bohrungen innerhalb eines Streifens muß noch darauf geachtet werden, daß auch für den breitesten Teil des Feldes in Ost—West-Erstreckung, d. h. für den längsten Streifen, noch Ziffern > 0 zur Verfügung stehen. Bei den nördlichen kürzeren Streifen ist also mit einer entsprechend hohen Zahl zu beginnen.

Mit der Einteilung auf der Bohrrißablichtung, einschließlich Festlegung des Umrisses und der Ausblockung nach Qualitäten und Klassen, sind die Vorarbeiten abgeschlossen, und es kann mit der Herstellung der Lochkarten begonnen werden. Sollen die Lochkarten außerhalb der Markscheiderei ohne Mitarbeit von markscheiderischem Fachpersonal in einer Lochkartenabteilung durchgeführt werden, so muß noch ein Arbeitsgang eingeschaltet werden, indem eine listenmäßige Zusammenstellung der Daten aus dem Bohrriß vorgenommen wird.

Anfertigung der Lochkarten

Da die diesen Ausführungen zugrunde liegende Vorratsberechnung mit dem Programm für die Abraumaufmaßberechnung durchgeführt wurde, mußte auch die Lochkarteneinteilung entsprechend übernommen werden. In Abb. 4 ist diese Lochkarte mit der Einteilung für die Eingabe und einem Beispiel dargestellt. Von den 80 zur Verfügung stehenden Spalten sind nur 30 belegt. Über eine spezielle Einteilung der Lochkarte wird später noch berichtet.

In die Lochkarte sind also außer den verschiedenen Zuordnungsmerkmalen lediglich die Koordinaten sowie Hangend- und Liegendhöhe jeder Bohrung einzugeben. Sind die für die Einteilung der Bohrungen benutzten Bohrrisse entsprechend kontrolliert, d. h. mit den Bohrberichten identisch, so genügen sie allein als Beleg bei der Anfertigung der Lochkarten.

Bei den Locharbeiten ist dann zweckmäßig so zu verfahren, daß ein Mitarbeiter der Markscheiderei die Werte aus dem Bohrriß einer Locherin ansagt, wobei die Koordinaten abgegriffen und die Hangend- und Liegendhöhen aus dem Stäbchen entnommen werden. Diese Verfahrensweise setzt die Lochgeschwindigkeit zwar stark herab, ist aber trotzdem noch wirtschaftlicher als die zusätzliche Anfertigung einer Liste.

Die so hergestellten Karten müssen anschließend kontrolliert werden. Man kann hierbei analog dem Lochvorgang verfahren, wobei lediglich der Magnetlocher gegen einen Magnetlochprüfer auszuwechseln ist. Es empfiehlt sich jedoch, folgenden Weg zu gehen: Die Inhalte der gelochten Karten werden mit Hilfe der Tabelliermaschine auf einem Papierstreifen ausgedruckt und anschließend mit dem Bohrriß verglichen.

Sortier- und Rechenarbeiten

Mit einem vollständigen Kartensatz, d. h. mit einer Lochkarte für jede Bohrung und jeden Begrenzungseckpunkt, ist eine Berechnung möglich, wenn nach der Berechnung jeder Dreieckskette ein Sortiervorgang eingeschaltet wird.

Die Herstellung eines zweiten Kartensatzes mit Hilfe des Dopplers ermöglicht, die Rechnerdurchläufe ohne Unterbrechung durchzuführen und damit Rechnerzeit zu sparen.

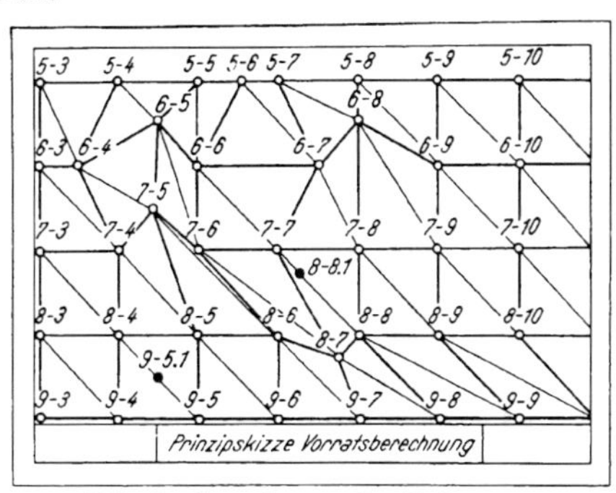

Abb. 8. Zuordnung der Bohrungen

Der Ablauf der Sortier- und Rechenarbeiten ist dann folgender:

Die Karten zweier aufeinanderfolgender Streifen werden so sortiert, daß die Karte des n-ten Bohrloches vom Streifen $m + 1$ der n-ten Karte des Streifens m folgt. Zusätzliche Bohrungen (Abb. 8, 8—8.1 und

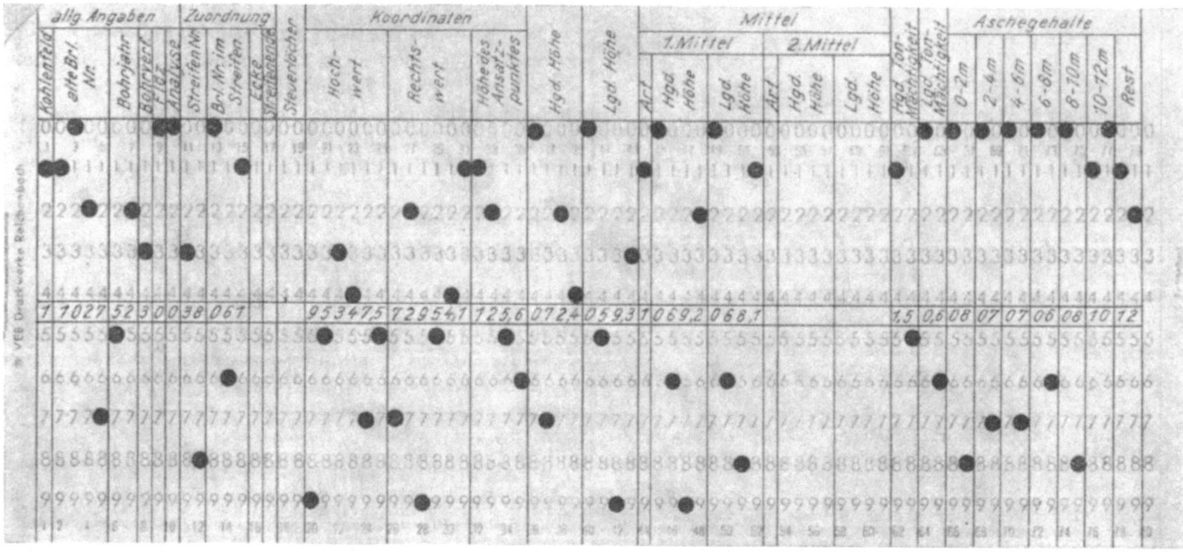

Abb. 9. Lochkarteneinteilung—Bohrlochkartei (Vorschlag zur Diskussion)

9—5.1) werden hinter die Karten sortiert, denen sie zugeordnet sind (8—8 und 9—5).

Im ersten Rechnerdurchgang werden die Flächeninhalte der Dreiecke berechnet.

Die Summen der Prismeninhalte über eine Dreieckskette werden im 2. und 3. Durchgang berechnet (2. Hangendprismen; 3. Liegendprismen).

Die Differenzbildung zwischen der Summe der Hangendprismen und der Liegendprismen über jede Dreieckskette und die Summierung dieser Differenzen über sämtliche Dreiecksketten erfolgt in der Tabelliermaschine. Das Endergebnis erscheint dann in Klartext auf dem Streifen der Tabelliermaschine.

Wirtschaftlichkeitsvergleiche

Den folgenden Betrachtungen ist ein Einflözfeld mit ungefähr 1000 Bohrungen in 40 Streifen zugrunde gelegt, wobei keine Unterteilung nach Klassen oder Qualitäten vorgenommen wurde. Die angeführten Zeiten sind teilweise rekonstruiert, da durch die Erstmaligkeit der Durchführung einer solchen Berechnung mit den beschriebenen Geräten nicht immer eine exakte Zeitermittlung möglich war.

Für die ersten drei Arbeitsgänge:

Zuordnung der Bohrungen,
Lochen,
Kontrolle der Lochung,

sind insgesamt 68,5 h nötig.

Die maschinelle Bearbeitung (Sortieren, Doppeln, Rechnen, Tabellieren) nimmt an reiner Maschinenzeit ungefähr 3,5 h in Anspruch.

Aus diesen Zeiten ergibt sich ein Verhältnis des Aufwands von manueller zu mechanischer Arbeit wie 20 : 1.

Der Zeitaufwand für eine herkömmliche Berechnung wird wesentlich unterboten:

Werden entsprechend der Bohrlochdichte getrennt für jedes Blatt des Bohrrisses 1 : 2000 Schnitte nach ELLING gerechnet, so ergibt sich ein Zeitaufwand von 195 Stunden. Außer der Zeiteinsparung läßt sich auch eine Kostensenkung von ca. 30% erreichen.

5. Bohrlochkartei als Bestandteil des Lagerstättenarchivs auf Lochkarten

Über die nachfolgenden Ausführungen liegen noch keinerlei Erfahrungen vor, sie sollen deshalb nur als Vorschlag und damit als Anregung, in dieser Richtung zu arbeiten, verstanden werden.

Die Hauptbestandteile eines Lagerstättenarchivs setzen sich aus rißlichen Darstellungen zusammen, sind also geometrische Aufzeichnungen über Form, Lage und Qualität einer Lagerstätte. Demzufolge muß jede Auswertung des Archivs, und es wird sich hierbei in erster Linie um rechnerische Arbeiten handeln, von einer Zeichnung ausgehen.

Die moderne Rechentechnik entwickelt sich jedoch mehr zur numerischen Verfahrensweise, d. h., die graphische oder halbgraphische Rechentechnik wird durch die numerische ersetzt, und geometrische Darstellungen fallen durch automatische Kartiergeräte als notwendiges Nebenprodukt an.

Zur Dokumentation aller Zahlenangaben über Flöz, Deckgebirge, Hydrologie usw. eignet sich die Lochkarte. Über die Art und Weise der Anlage der Karten, über den Aufbau der gesamten Kartei und andere spezielle Fragen muß in Zusammenarbeit von Markscheidern, Geologen, Bergleuten und Bodenmechanikern sehr gründlich beraten werden.

Für die einzelnen Fachgebiete werden wahrscheinlich dadurch Probleme lösbar, die bisher wegen des umfangreichen Arbeitsaufwands nicht zu bewältigen waren.

Abb. 9 zeigt einen Vorschlag für die Einteilung einer Lochkarte. Die Karte ist mit 79 Spalten ausgenutzt und trotzdem in bezug auf Qualitätsangaben, Hydrologie und bodenmechanische Daten noch unvollständig. Es wird nötig sein, für jede Bohrung und jedes Flöz (bzw. Deckgebirgslagerstätte) außer einer Hauptkarte noch weitere Folgekarten anzulegen.

6. Schlußfolgerungen

Bei der Durchführung der Lagerstättenvorratsberechnung wurden in vielen Fällen die Unzulänglichkeiten der Lagerstättenarchive und verschiedene Mängel der Erkundung deutlich. Es ist deshalb notwendig, eine geeignete Form der Dokumentation aller Lagerstättendaten zu finden und hierbei die modernsten Hilfsmittel einzubeziehen.

Die hier beschriebene Berechnungsmethode soll lediglich als Hinweis auf die Möglichkeiten verstanden werden, die uns heute zur Verfügung stehen. Sie ist ein Element im Gesamtkomplex der Lagerstättendokumentation und -auswertung.

Über die Aussagekraft von Erkundungsbohrungen[1]

FRIEDRICH STAMMBERGER, Berlin

1. Vorbemerkung

In einer 1962 veröffentlichten Arbeit stellte Verfasser für zukünftige methodische Untersuchungen die Aufgabe, einen Maßstab des Untersuchungsgrades „für solche Verhältnisse zu finden, bei denen der Vorrat nur mit Hilfe von Bohrungen untersucht wurde". Die Lösung dieser Aufgabe setzt voraus, daß die Bedeutung der beiden Haupttypen der Veränderlichkeit eines geologisch-mineralogischen Merkmals und die sich hieraus ergebenden wichtigsten methodischen Schlußfolgerungen bekannt sind. Daher wurde diese Teilfrage in einem besonderen Aufsatz (1963) behandelt. Eine weitere Vorklärung muß hinsichtlich der möglichen, d. h. erreichbaren, Aussagekraft von Übertagebohrungen vorgenommen werden. Diesem Thema ist der vorliegende Aufsatz gewidmet.

Die Aussagekraft von Bohrdaten wird hier lediglich in ihrer Auswirkung auf Vorratsberechnungen überprüft, d. h. unter dem engeren Gesichtspunkt einer adäquaten Charakteristik der für die Berechnung benötigten Hauptparameter. Als solche treten bei Lagerstättenvorräten fester mineralischer Rohstoffe bevorzugt Fläche, Mächtigkeit und Gehalt auf. Praktisch stellen die Bohrungen die drei genannten Parameter gleichzeitig fest. Während die Verbreitung des Mineralkörpers durch Fündigwerden der Bohrung eindeutig nachgewiesen ist, bedarf die Ermittlung der durchschnittlichen Werte für Mächtigkeit und Gehalt und des Charakters ihrer Veränderlichkeit noch zusätzlicher Analysen und Ermittlungen, wofür in den Bohrungen ermittelte Einzelwerte lediglich das Ausgangsmaterial liefern.

Für die Belange des Bergbaus, dessen unmittelbare Vorstufe die geologische Erkundung ist, sind nicht so sehr die übergenauen Mächtigkeiten und Gehalte an einem Punkt wichtig wie die exakte Charakteristik der Gesamtverhältnisse eines bestimmten Raumes oder einer Fläche (Abbau- oder Berechnungsblockes). Es interessieren der Gesamtinhalt und seine allgemeine Verteilung, also die Durchschnittswerte der Hauptparameter und die Grundzüge ihrer Veränderungen. Zwei Fragen müssen beantwortet werden: a) Kann aus Bohrdaten der Veränderlichkeitstyp erkannt werden? b) Können Bohrdaten richtige Mittelwerte liefern?

2. Die Ermittlung des Veränderlichkeitstyps nach Bohrdaten

Der Charakter der Veränderlichkeit eines Merkmals ist durch seine Zugehörigkeit zu einem der Haupttypen — dem zufälligen oder gesetzmäßigen — nicht erschöpfend definiert.

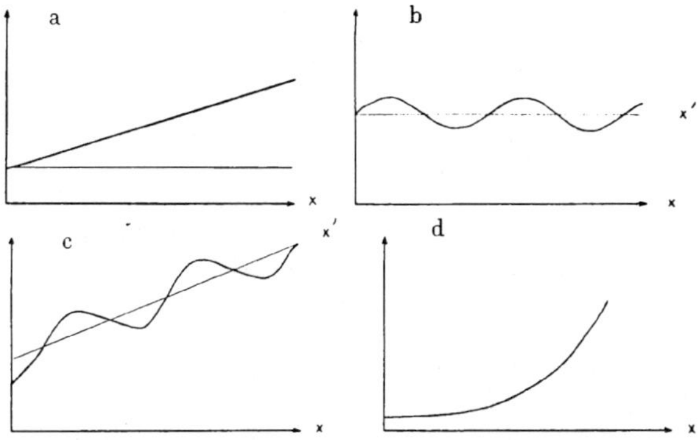

Abb. 1

Bei beiden können nach spezifischen Kriterien bestimmte Untertypen ausgegliedert werden, z. B. nach dem vorliegenden Gesetz der Veränderlichkeit (s. Abb. 1):

a) lineare,
b) sinusoidale,
c) sinusoidales Pendeln um einen linear gesetzmäßig veränderlichen Wert,
d) komplizierte funktionale Veränderlichkeit.

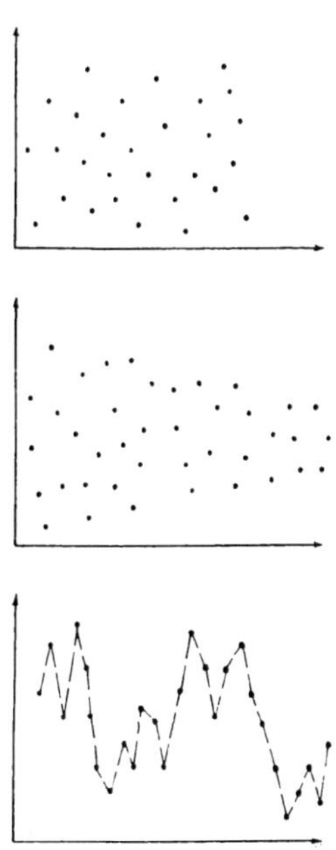

Abb. 2

Beim zufälligen Veränderlichkeitstyp können unterschieden werden (s. Abb. 2):

a) völlige stochastische Unabhängigkeit,
b) stochastische Unabhängigkeit auf dem Hintergrund einer gerichteten, d. h. gesetzmäßigen, Veränderlichkeit,

[1]) Eingang des Manuskripts in der Redaktion: 14. 11. 1962

c) stochastische Unabhängigkeit der Werte, die auf unregelmäßigen Abschnitten eine einheitliche Tendenz zum Ausdruck bringen, d. h. hier allgemein niedrig oder allgemein hoch liegen.

Kann mit Hilfe von Bohrungen in jedem Falle der Veränderlichkeitscharakter festgestellt werden? Offensichtlich nur bei Erfüllung bestimmter Voraussetzungen:

Erstens müssen die Bohrungen zahlreich genug und entsprechend verteilt sein.

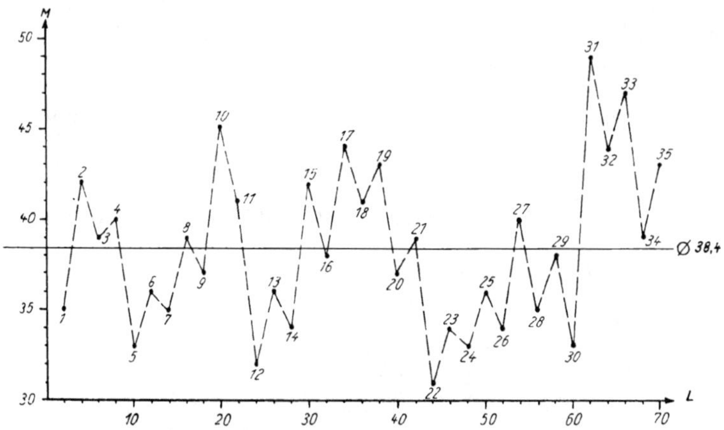

Abb. 4

Wenn in Abb. 3 die in zwei Bohrungen N 1 und N 2 festgestellten Merkmalswerte mit M und M + ΔM bezeichnet werden, ist nicht zu erkennen, ob sich zwischen N 1—N 2 das Merkmal z. B. wie a, b, c oder d verändert. Der Charakter der Veränderlichkeit ist nur zu erkennen, wenn mehr Bohrdaten aus mehr Bohrpunkten vorliegen. Wenn generell gesetzmäßige Veränderungen nachgewiesen werden, jedoch nur der in Abb. 3 dargestellte Abschnitt betrachtet wird, könnte Untertyp a schon bei einer zusätzlichen Bohrung in Punkt 3, Untertyp b nur bei mehreren zusätzlichen Bohrungen, von denen eine in Punkt 4 angesetzt wurde, Untertyp c nur bei weiteren zwei (Punkt 1 und 2) bis drei (noch Punkt 3) Bohrungen zu erkennen sein, wobei die letztgenannten Punkte auch für Untertyp d benötigt würden.

Zweitens ist dazu eine bestimmte Anordnung der Bohrungen erforderlich.

Bekanntlich ist bei jeder Veränderung nicht nur ihr Charakter, sondern auch die Intensität wesentlich, mit der sie auftritt. Wenn wir wiederum nur den Abschnitt zwischen N 1 und N 2 in Abb. 3 betrachten, so kann beim Untertyp a die Intensität (I_n) der Veränderung zwischen beiden Bohrpunkten aus zwei beliebigen Bohrdaten berechnet werden, denn

$$I_n = \frac{\Delta M}{\Delta L}$$

wo die Bezeichnungen aus Abb. 3 übernommen wurden. Bei den Untertypen b und c kann die Intensität nur erkannt werden, wenn der Bohrabstand der halben Periode („Wellenlänge") entspricht und die Ansatzpunkte mit den Extremwerten (d. h. größten Ausweitungen von

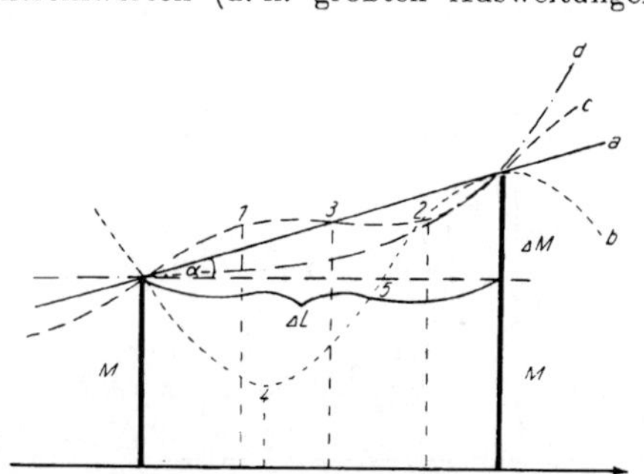

Abb. 3

der x-Achse) zusammenfallen. Es besteht bei begrenzter Anzahl der Bohrungen nur eine geringe Wahrscheinlichkeit, daß beide Voraussetzungen in der Praxis erfüllt werden. Beim Untertyp d sind die Schwierigkeiten meist geringer: Der Merkmalswert verändert sich mit der Entfernung (ΔL) gesetzmäßig in einer Richtung, er nimmt nach gleichem Gesetz ununterbrochen zu und erreicht sein Maximum bei maximaler Entfernung vom Ausgangspunkt.

Der allgemeine Veränderlichkeitstyp kann somit bei ausreichenden Bohrdaten bestimmt werden; die Ermittlung der Intensität der Veränderung ist schwieriger, erfordert in Einzelfällen sehr viele und sehr dicht gelegene Bohrungen, d. h. kann in der Praxis häufig aus den vorhandenen Bohrdaten nicht zu ermitteln sein.

3. Können Bohrdaten richtige Mittelwerte für die Hauptparameter liefern?

Mittelwerte sind leichter zu bestimmen als z. B. die Intensität einer Veränderlichkeit. Kehren wir wiederum zu Abb. 3 und den dort eingezeichneten Untertypen der gesetzmäßigen Veränderlichkeit zurück.

Bei linearer Veränderlichkeit (a) werden selbst aus zwei Daten und bei beliebigen Beobachtungsstellen (d. h. Entfernungen) richtige Mittelwerte erhalten. Bei den Untertypen b und c werden richtige Mittelwerte in allen Fällen erhalten, wenn der Abstand eine halbe Periode oder das 3-, 5- usw. fache dieser Entfernung beträgt[2]). Zur Mittelbildung beim Untertyp d sind — wenn das Gesetz der Veränderlichkeit bekannt ist — ebenfalls zwei Werte (Extremwerte) ausreichend. Bei gesetzmäßiger Veränderlichkeit des Merkmals können folglich aus Bohrdaten in der Regel richtige Mittelwerte erhalten werden. Besteht diese Möglichkeit auch bei zufälliger Veränderlichkeit?

In Abb. 4 sind die in einer Erkundungsrichtung (L) in regelmäßigen Abständen festgestellten Merkmalswerte (M) eingetragen. Im Unterschied zum gesetzmäßigen Haupttyp ist zu erkennen, daß die Größe des Merkmalswertes in einem beliebigen Punkt nicht von seiner Lage abhängig ist. Dabei können Teilabschnitte genannt werden, auf denen generell die Einzelwerte hoch oder niedrig liegen (d. h. die Graphik gibt den Untertyp c wieder). Charakteristisch ist ferner, daß von Beobachtungspunkt zu Beobachtungspunkt — mit wenigen Ausnahmen — eine Zunahme des Wertes durch eine Verminderung abgelöst wird. Kennzeichnend ist somit, daß das Vorzeichen für ΔM auf größeren Abschnitten

[2]) Einzelpunkte, die außerdem noch zu richtigen Mittelwerten führen, werden hier vernachlässigt, weil sie keine praktische Bedeutung haben.

(mehr als 2—3 Beobachtungspunkten) nicht konstant bleibt.

Wenn für den zufälligen Veränderlichkeitstyp ein ermittelter Wert aus einem beliebigen Punkt völlig unabhängig vom benachbarten Wert ist, chaotische Sprünge an die Stelle kontinuierlicher Veränderungen treten, charakterisiert jeder ermittelte Wert nur seinen Beobachtungspunkt; dann ist jedoch nicht nur jede der üblichen Methoden der Inter- und Extrapolation unanwendbar, sondern auch viele der üblichen graphischen Darstellungen für diesen Typ.

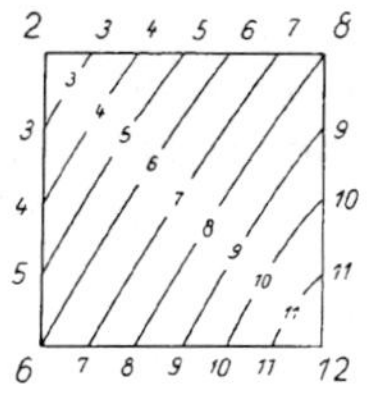

Abb. 5

a) Wenn einer Isopachendarstellung wie in Abb. 5 noch zugestimmt werden kann, muß eine Darstellung der Metallverteilung in Form von Isolinien gleicher Gehalte für den zufälligen Veränderlichkeitstyp abgelehnt werden. Der Grundgedanke bei der Konstruktion solcher Isolinien besteht bekanntlich darin, daß zwischen zwei ermittelten Punkten eine gleichmäßige und kontinuierliche Veränderung der festgestellten Werte angenommen wird, d. h. das Gegenteil von dem, was für zufällige Veränderlichkeit charakteristisch ist.

b) Wenn auf einer Erkundungslinie festgestellte Werte eines Merkmals in ein Koordinatensystem eingetragen werden (Abb. 4), ist es bei zufälliger Veränderlichkeit falsch, die erhaltenen Punkte durch eine gebrochene Gerade zu verbinden. Denn zwischen zwei Beobachtungspunkten liegen beliebig viele andere Punkte, in denen das Merkmal Werte erreicht, die unter und über der geradlinigen Verbindung liegen.

c) Selbstverständlich ist nicht nur die geradlinige, sondern jede beliebige durchgehende Verbindung der einzelnen Punkte methodisch unzulässig. Die erhaltenen Werte dürfen nur als Einzelelemente (als Punkte) betrachtet, dargestellt und auch mathematisch behandelt werden[3]).

Sie können statistisch ausgewertet werden, liefern Charakteristiken ihrer statistischen Verteilung, die jedoch streng von ihrer geologischen Verteilung unterschieden werden muß.

4. Grundsätzlicher Unterschied zwischen geologischer und statistischer Verteilung

Der Erkundungsgeologe, der die Eigenschaften seines Untersuchungsobjektes in ihrer räumlichen Verteilung erforscht, gewöhnt sich nicht leicht an Besonderheiten der statistischen Verteilung eines Merkmals. Jede geologische Beobachtung ist an einen bestimmten Ort gebunden, ist lagegebunden. Aus mehreren Beobachtungen und deren Lage bemüht sich der Geologe, eine möglichst reale Vorstellung über die Veränderungen zwischen den Beobachtungspunkten zu erhalten. Die geologisch-mineralogische Verteilung eines Merkmals ist somit seine räumliche Verteilung im untersuchten Körper.

Wenn der Geologe bei seinen Untersuchungen eine chaotische Verteilung der Merkmalswerte festgestellt hat, wenn er somit objektiv nicht in der Lage ist, eine Aussage darüber zu machen, welche Merkmalswerte zwischen zwei festgestellten liegen, sollte er sich vor allem mit größter Nüchternheit diese Tatsache einprägen und sie bei allen weiteren Operationen, Schlußfolgerungen usw. nie außer acht lassen.

In solchen Situationen tritt an die Stelle der nicht zu ermittelnden lagegebundenen Verteilung der Merkmalswerte als Ersatz die Untersuchung ihrer statistischen Verteilung. Eine statistische Verteilung abstrahiert völlig von der räumlichen Lage der beobachteten Werte, sie macht Aussagen lediglich darüber, wieviel gleiche oder ähnliche Werte unter einer bestimmten Werteanzahl vorhanden sind, auf welche Werteklassen sich alle vorhandenen Werte verteilen u. ä. Obwohl solche Untersuchungen keine Hinweise über die lokale Verteilung der Merkmalswerte geben, liefern sie durchaus zuverlässige Charakteristiken in Gestalt seines Durchschnittswerts und seines Schwankungsbereichs u. v. a. Daten, die der Bergbau und die industrielle Praxis dringend benötigen.

Die statistische Bearbeitung der Untersuchungsdaten liefert somit nur eine Aussage, die durch andere Arbeiten (geologische Analyse, petrographische Untersuchungen usw.) ergänzt werden muß. Sie ersetzt nicht die üblichen lagerstättenkundlichen Arbeiten, sondern ergänzt sie nur.

Als Wissenschaft von der Erfassung und zahlenmäßigen Beschreibung massenhafter Erscheinungen kann die mathematische Statistik einwandfreie Schlußfolgerungen für die ganze Grundgesamtheit (Objekt) ziehen. Aus dem gleichen Grunde darf jedoch diese richtige Aussage über die betreffende Grundgesamtheit, z. B. die ganze Lagerstätte, nicht auf einen begrenzten Lagerstättenteil übertragen werden, weil das Richtige dann falsch wird. Wenn im Kupferschiefer z. B. für einen großen C_1-Block statistisch richtig errechnet wurde, daß er 20 kg/m^2 Kupfer enthält, wird ein willkürlich in diesem Block angelegter Streb in der Regel über oder unter 20 kg/m^2 Kupfer antreffen.

Dieses Beispiel zeigt deutlich den begrenzten Wert statistischer Aussagen, zugleich macht es deutlich, daß eine nur statistische Berechnung nicht einer in der DDR geforderten Vorratsberechnung genügt.

Die geologische Erkundung mit Hilfe von Bohrungen ist ihrem Wesen nach eine statistische Erhebung, d. h. eine Sammlung von Einzeldaten für eine — u. a. auch statistische — Bearbeitung. Bei einer statistischen Bearbeitung der Bohrdaten muß gefordert werden, daß

1. sie in ausreichender Menge vorliegen;
2. das untersuchte Merkmal im Beobachtungspunkt unabhängig von seiner Lage und Umgebung in der Natur auftritt;
3. die untersuchten Daten nicht ausgesucht wurden, sondern jeder vorhandene Wert die gleiche Chance hatte, gewählt zu werden.

Wenn ein zufälliger Veränderlichkeitstyp betrachtet wird, ist die zweite Bedingung erfüllt. Die erforderliche Menge an Werten ergibt sich aus der angestrebten Genauigkeit des Ergebnisses. Die Zufälligkeit der Wahl könnte durch willkürliche Festlegung erfolgen, ohne daß die Bedingung der Statistik verletzt wäre.

In der geologischen Praxis empfiehlt sich die Anwendung eines Schemas, durch das die ganze Verbreitungsfläche des interessierenden Lagerstättenteils erfaßt wird, d. h. das Abbohren der höffigen Fläche in Abständen, die sich entweder in ein geometrisches Netz oder in geometrische Linien (Profilmethode) einordnen.

Eine solche Anordnung sichert gleichzeitig die zufällige, subjektiv nicht beeinflußte Wahl der Daten für die statistische Untersuchung und unterstützt die

[3]) Genauso falsch ist es daher, den einzelnen Punkten Geltungs- oder Einflußbereiche in irgendeiner Richtung zuzuschreiben (s. hierzu STAMMBERGER 1963).

anderen notwendigen geologischen Analysen und Bearbeitungen.

Bohrungen sind infolgedessen beim zufälligen Veränderlichkeitstyp gut zur „statistischen Erhebung" geeignet. Können aus diesen Unterlagen Mittelwerte berechnet werden, die die durchschnittliche Eigenschaft des betrachteten Merkmals richtig wiedergeben? Die mathematische Statistik und Wahrscheinlichkeitstheorie beantwortet diese Frage positiv und nennt die Voraussetzungen, unter denen dies geschieht.

Der geologische Bearbeiter muß sich jedoch Klarheit darüber verschaffen, welche Methoden der mathematischen Statistik für den jeweils vorliegenden Fall anwendbar sind:

für mehr oder weniger gesetzmäßige Veränderlichkeit — z. B. die Korrelationsrechnung,
für die zufällige — die Variationsrechnung und Wahrscheinlichkeitstheorie.

Erschwerend ist für den Geologen, daß keiner der beiden Haupttypen der Veränderlichkeit in der Praxis in seiner reinen Form auftritt; gesetzmäßige Veränderungen (z. B. der Mächtigkeit einer Schicht) werden durch zufällige Schwankungen kompliziert, bei chaotischer Werteverteilung wird auf unregelmäßigen Abschnitten häufig eine bestimmte Tendenz, d. h. verwischte Gesetzmäßigkeit, beobachtet. In der Praxis muß die Bedeutung solcher „typfremden" Einflüsse abgeschätzt werden. Manchmal sind sie unbedeutend und können vernachlässigt werden. Grundsätzlich liegen jedoch hier die Wurzeln für ernsthafte Fehler.

5. Zur statistischen Bearbeitung geologischer Erkundungsdaten

Dem Erkundungsgeologen liegen bei der Aufnahme der Arbeiten nur allgemeine Hinweise über den vermutlichen geologischen Typ, seine Lagerung und Verbreitung vor, aus denen er die Wahrscheinlichkeit dafür ableitet, ob die zu ermittelnden Hauptparameter zum zufälligen oder gesetzmäßigen Veränderlichkeitstyp gehören. Die von ihm gewählten Abstände und Ansatzpunkte der Bohrungen entsprechen daher in der Regel nicht exakt den tatsächlich vorliegenden Verhältnissen. Wie wirkt sich dieser Umstand, d. h. die so erhaltenen Bohrdaten, auf die Richtigkeit der Schlußfolgerungen aus?

Theoretisch können die Bohrungen ausschließlich Maximal- oder Minimalwerte (z. B. einer sinusoidalen Veränderung) antreffen, woraus sich eine u. U. bedeutende Abweichung vom tatsächlichen Durchschnitt errechnen würde. Praktisch ist eine solche Gefahr gering, sie verringert sich mit der Vergrößerung der Anzahl der Bohrungen.

Erfolgt eine gesetzmäßige Veränderung mit sehr großer „Wellenlänge", d. h., wird auf größeren Abschnitten Konstanz des Vorzeichens der Veränderung festgestellt, so weisen die errechneten Mittelwerte ausreichende Genauigkeit und Zuverlässigkeit aus.

Ist die „Wellenlänge" der Veränderung sehr klein, d. h., werden infolge zu großer Bohrabstände kleinere und häufige Schwankungen zwischen zwei Bohrungen nicht erfaßt, und wechselt das Vorzeichen für ΔM von Bohrung zu Bohrung (wobei praktisch auch ΔM jeweils unterschiedlich ist), so kann oft die vorhandene komplizierte Gesetzmäßigkeit nicht erkannt werden. Die Bohrdaten weichen chaotisch voneinander ab, täuschen eine zufällige Veränderlichkeit vor und müssen zwangsläufig als solche behandelt werden.

Wie die Praxis zeigt, besteht derzeit die statistische Bearbeitung beinahe ausschließlich in der Berechnung des Mittelwertes, seiner Standardabweichung σ und — etwas seltener — des PEARSONschen Variabilitätsmaßes V (Variationskoeffizient). 1957 hat Verfasser die Charakteristiken der Verteilung diskutiert und beiläufig auf gewisse Mängel dieses Maßes für die statistische Bearbeitung geologischer Erkundungsdaten hingewiesen. Dieser Hinweis fand wenig Beachtung. Das führte nicht selten zu falschen Schlußfolgerungen. Es ist daher nicht überflüssig, etwas näher auf diese Fragen einzugehen.

Gehen wir von den bekannten Rechenformeln für M, σ und V aus:

$$M = \frac{x_1 + x_2 + \ldots + x_n}{n} \tag{1}$$

wo $x_1, x_2 \ldots x_n$ — die gemessenen Einzelwerte
n — die Anzahl der Einzelwerte sind.

$$\sigma = \sqrt{\frac{E_1^2 + E_2^2 + \ldots + E_n^2}{n}} \tag{2}$$

wo $E_1, E_2 \ldots E_n$ — gleich $(M - x_1)$, $(M - x_2)$ usw.[4])

$$V = \frac{\sigma}{M} \;(3) \quad \text{oder} \quad V = \frac{\sigma}{M} \cdot 100\% \tag{3'}$$

Die Genauigkeit von M hängt von der Anzahl der vorliegenden Einzelwerte (n) ab. Die mittlere Ungenauigkeit seiner Bestimmung (m) errechnet sich aus:

$$m = \frac{\sigma}{\sqrt{n}} \tag{4}$$

m kann auch in Prozenten von M ausgedrückt werden; für diesen Ausdruck (m_{pr}) ergibt sich entweder:

$$m_{pr} = \frac{m}{M} \cdot 100 \tag{5}$$

Oder, wenn in (4) für σ aus (3) sein Wert VM eingesetzt wird, erhalten wir:

$$m = \frac{VM}{\sqrt{n}} \tag{4'}$$

Aus dieser Formel ergibt sich für m_{pr} aus (5):

$$m_{pr} = \frac{VM}{\sqrt{n} \cdot M} = \frac{V}{\sqrt{n}} \tag{5'}$$

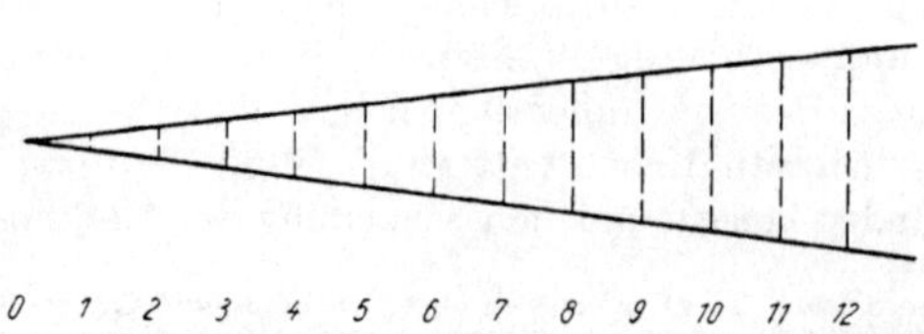

Abb. 6

[4]) In dieser Formel wird bei relativ kleinem n zur Erhöhung der Sicherheit als Nenner oft (n — 1) eingesetzt. σ wird dadurch etwas größer, bei $n = 1$ wird $\sigma = \infty$!

Tabelle 1

Einzelwerte (x)	M − x	(M − x)²	
0	6	36	
1	5	25	$n = 13$
2	4	16	$M = \frac{78}{13} = 6$
3	3	9	
4	2	4	
5	1	1	$\sigma = \sqrt{\frac{182}{12}} = \sqrt{15{,}17} = 3{,}89$
6	0	0	
7	−1	1	$V = \frac{3{,}89}{6} \cdot 100 = 64{,}83\,\%$
8	−2	4	
9	−3	9	
10	−4	16	
11	−5	25	
12	−6	36	
Σ = 78		Σ = 182	

Die Formeln (4, 4′, 5 und 5′) werden bei geologischen Untersuchungen vielseitig ausgenutzt: zur Bestimmung der erforderlichen Anzahl (n) an Beobachtungspunkten, zu Kontrollzwecken usw. Hier soll sie benutzt werden, um die Fehlergrößen anzudeuten, die sich bei gedankenloser Anwendung dieser statistischen Charakteristiken bei gesetzmäßiger Veränderlichkeit ergeben. Angenommen (Abb. 6), in der Natur läge eine strenge lineare Veränderlichkeit vor (z. B. Auskeilen einer Schicht), die in 13 Beobachtungspunkten gemessen wurde. Im Abschnitt 0—12 beträgt der Mittelwert 6 (die Größe jedes Wertes sei gleich den eingeschriebenen Ziffern). Die Genauigkeit der Ermittlung ist sehr hoch (sie wird nur durch die Meßgenauigkeit beschränkt) bei nur 13 Ausgangswerten. Der Variationskoeffizient liegt mit rund 65% offensichtlich zu hoch (Tab. 1). Denn wenn wir uns die Aufgabe stellen, M mit einer Genauigkeit von nur 5% zu bestimmen, d. h. $m_{pr} = 5$, und aus Formel (5′) die Anzahl der hierfür erforderlichen Beobachtungspunkte bestimmen, erhalten wir:

$$m_{pr} = \frac{V}{\sqrt{n}}; \qquad n = \left(\frac{V}{m_{pr}}\right)^2 \approx \left(\frac{65}{5}\right)^2 = 13^2 = 169$$

Dieses Ergebnis zeigt, daß die Charakteristiken σ und V bei gesetzmäßigen Veränderungen unrichtige, zu hohe Werte ergeben.

Wenn das gleiche Beispiel (Abb. 6) genommen, jedoch bereits bei 8 abgebrochen, also nur ein kleinerer Abschnitt betrachtet wird, ändert sich am Charakter der Veränderlichkeit nichts. Bei Berechnung von σ und V erhalten wir jedoch andere Daten, ebenso wie sich die Zahl der benötigten Beobachtungen erhöht! (Tab. 2).

Diese Tatsache beweist, daß bei gesetzmäßiger Veränderlichkeit σ und V von der Größe der untersuchten

Tabelle 2

Einzelwerte (x)	M − x	(M − x)²	
0	4	16	
1	3	9	$n = 9$
2	2	4	$M = \frac{36}{9} = 4$
3	1	1	
4	—	—	
5	−1	1	$\sigma = \sqrt{\frac{60}{8}} = \sqrt{7{,}5} = 2{,}74$
6	−2	4	
7	−3	9	$V = \frac{2{,}74}{4} \cdot 100 = 68{,}50\,\%$
8	−4	16	
Σ = 36		Σ = 60	

Grundgesamtheit beeinflußt werden (Block, Lagerstättenabschnitt oder ganze Lagerstätte, die wiederum unterschiedlich groß sind), was ihrer allgemeinen Eigenschaft widerspricht.

Wenn bei zufälliger Veränderlichkeit jeder ermittelte Gehaltswert nur für seinen Entnahmepunkt gültig ist und die benachbarten „Punkte" (hier tatsächlich in cm-Abständen verstanden) bereits andere Werte aufweisen können, dürften strenggenommen keine Schlitzproben genommen werden, die gewöhnlich einen 10 cm breiten Streifen erfassen. Die Tatsache, daß auch in solchen Fällen in der Praxis geschlitzt wird, geht einerseits von der Voraussetzung aus, daß sich die zufällige Veränderlichkeit in dieser extrem reinen Form in der Lagerstätte nicht äußert. Andererseits wird diese Beschränkung einfach übersehen. Durch die Art der Probenahme erfolgt bereits ein gewisser Ausgleich, eine Mittelung der Einzelgehalte. Deshalb sind aus solchen Ausgangswerten berechnete σ und V nicht exakt, d. h., sie sind in gewissem Rahmen von der Art der Probenahme abhängig.

Tatsächlich haben Untersuchungen gezeigt (s. W. G. SOLOWJOW 1939), daß diese Feststellung richtig ist. Wenn am gleichen Stoß in gleichen Abständen bei porphyrischen Kupfererzen Schlitze mit unterschiedlichem Querschnitt genommen werden, ergeben sich verschiedene σ und V:

Querschnitt der Schlitze	(5 × 2) cm²	(10 × 5) cm²	(20 × 10) cm²
V =	74%	70%	64%

Ähnliche Unterschiede ergeben sich, wenn statt Schlitzproben Greif- oder Haufwerkproben genommen werden.

Ein weiterer Einwand gegen die unkritische Verwendung der Charakteristiken σ und V ergibt sich daraus, daß in der Mehrzahl der metallischen Lagerstätten z. B. der Gehalt in seiner statistischen Verteilung nicht der GAUSSschen Glockenkurve folgt, sondern im Hinblick auf seinen Mittelwert ausgesprochen asymmetrisch, genauer: linksasymmetrisch ist. Bei einer solchen Verteilung stehen einer sehr großen Anzahl sehr kleiner Werte eine geringere Menge großer Werte gegenüber[5]). Wenn sich die statistische Erhebung (z. B. mit Hilfe von Bohrungen) auf eine begrenzte Zahl beschränkt, kann zwar jeder vorhandene Wert durch die statistische Erhebung erfaßt werden; die Wahrscheinlichkeit, erfaßt zu werden, ist jedoch für die kleinen Werte größer als für die hohen Werte. Bei einer relativ kleinen Auswahl (10—15 Bohrungen) ist dabei weniger als bei zahlenmäßig großer Auswahl zu erwarten, daß sich diese Wahrscheinlichkeit exakt durchsetzt. Daraus ergeben sich entsprechende Schlußfolgerungen für die Zuverlässigkeit der errechneten σ und V und analoge Ergebnisse wie oben. Der Variationskoeffizient V, der die Eigenschaften der Veränderlichkeit des Mineralkörpers charakterisieren soll, erweist sich als abhängig von der Anzahl der Beobachtungen.

[5]) Durch Umwandlung der Kurve in eine logarithmische kann diese Schwierigkeit weitgehend überwunden werden.

6. Einige praktische Schlußfolgerungen

Bei ausgeprägter zufälliger Veränderlichkeit, wenn die Größe eines Wertes nicht durch seine Lage bestimmt wird, ist zur Erreichung einer geforderten Genauigkeit nur notwendig, daß eine ausreichende Anzahl von Beobachtungen vorliegt. Es ist — für die Praxis etwas überspitzt formuliert — dabei unwesentlich, wo beobachtet wurde, wichtig ist nur: wie oft. Die gleichmäßige Verteilung der Beobachtungspunkte über das Objekt wird durch andere — nichtstatistische — Gesichtspunkte begründet (u. a. auch zur Berücksichtigung gesetzmäßiger Veränderungen).

Wenn die Lage unwichtig ist, sind — beim zufälligen Typ — auch nicht die Beobachtungsabstände entscheidend, sondern wiederum die Zahl der Beobachtungen; für die Zuverlässigkeit und Genauigkeit einer Vorratsangabe in diesem Falle folglich, auf wieviele Ausgangsdaten sie sich stützt. Theoretisch wäre denkbar, daß sich ein kleiner A-Block auf weniger Ausgangsdaten als ein großer C_1-Block stützt. Hinsichtlich der Vorratsangaben ist dann der C_1-Vorrat zuverlässiger als der A-Block. (Der A-Block gibt allerdings detailliertere, lokalisierte Angaben.) Das bestätigt u. a. den bereits 1956 vom Verfasser erhobenen Einwand gegen die Einführung von unterschiedlichen Toleranzwerten für die einzelnen Klassen.

Wenn bei zufälliger Veränderlichkeit Verteilungskurven, z. B. für die Gehalte, konstruiert werden[6]), sind machmal gewisse Schlußfolgerungen möglich, die erforderliche andere Untersuchungen beeinflussen.

Wurde bei relativ weitmaschigem Bohrnetz (z. B. während der Vorerkundung) in der Verteilungskurve der Gehalte festgestellt, daß sie eingipflig und steil ist, deutet dies einheitliche Vererzung an, für die entsprechende einfache Bemusterungsverfahren zulässig sind. Hat die Verteilungskurve mehrere Gipfel, deutet dies auf mehrphasige Vererzung hin oder auf unterschiedliche Vererzungsbedingungen. In diesem Fall muß die Bemusterung mit größerer Intensität durchgeführt werden. Zeigt die Verteilungskurve, daß der überwältigende Anteil aller Werte (z. B. 95%) über der Konditionsgrenze liegt, kann mit großer Wahrscheinlichkeit erwartet werden, daß auch zwischen den Bohrpunkten der Vorerkundung die Kondition eingehalten wird. Folglich sind größere Erkundungsabstände als im Normalfalle vertretbar.

Wenn der Geologe bei seinen Untersuchungen in der Regel auf „gemischte" Veränderlichkeitstypen trifft, andererseits der Einfluß gesetzmäßiger Veränderungen die äußerst handlichen Charakteristiken σ und V entstellt, müßte versucht werden, einen Ausweg aus dieser Situation zu finden. P. L. KALLISTOW (1956) bemühte sich, in erhaltenen Beobachtungsreihen den Einfluß der gesetzmäßigen Veränderlichkeit zu bestimmen, indem er die Regressionskurve konstruierte und sie als Ausdruck der innerhalb der Vererzung wirksamen gesetzmäßigen Veränderlichkeit betrachtet. σ berechnet er nunmehr nicht aus den Differenzen zwischen M und Einzelwert, sondern zwischen M' und Einzelwert, wobei M' der durch die Regressionskurve ausgedrückte Wert für den Beobachtungspunkt ist. Dadurch verringern sich σ und V bedeutend, und alle Schlußfolgerungen erscheinen weitaus besser begründet. Wie wichtig die hier behandelten Fragen sind, ist allein daraus zu erkennen, daß M. A. SHDANOW in der ersten Ausgabe seines Buches über die Vorratsberechnung von Erdöl und Erdgas (1952) den allgemeinen Fragen der statistischen Grundlagen fast ein Viertel seines Buches eingeräumt hat.

[6]) d. h., die erhaltenen Werte werden unabhängig von ihrer örtlichen Lage nach ihrer Größe geordnet und nach ihrer Häufigkeit in ein Koordinatensystem Häufigkeit—Gehalt eingetragen.

Zusammenfassung

Unter dem Gesichtspunkt einer adäquaten Charakteristik der für die Berechnung benötigten Hauptparameter wird die Aussagekraft von Bohrdaten in ihrer Auswirkung auf Vorratsberechnungen überprüft. Es wird die Frage beantwortet, unter welchen Voraussetzungen der Veränderlichkeitstyp der Parameter eines Mineralkörpers aus Bohrdaten erkannt werden kann, und ferner gezeigt, in welchem Maße und unter welchen Bedingungen Bohrdaten bei gesetzmäßigem und bei zufälligem Veränderlichkeitstyp richtige Mittelwerte liefern. Dabei werden die Anwendung statistischer Methoden sowie der Wert und die Grenzen statistischer Aussagen eingehend behandelt.

Резюме

С точки зрения адекватной характеристики нужных для подсчета главных параметров проверяется степень надежности буровых данных в отношени их влияния на подсчет запасов. Отвечается на вопрос, при каких предпосылках может быть выяснен тип изменчивости параметров минерального тела по данным бурения. Дальше показывается, в какой мере и при каких условиях данные бурения при закономерном и при случайном типах изменчивости дают правильные средние значения. При этом подробно освещаются использование статистических методов, а также ценность и пределы статистических высказываний.

Summary

The conclusiveness of drilling data affecting reserve calculations is re-examined from the point of view of an adequate characteristic of main parameters required for the calculation. The question is answered under what conditions the type of parameter variability of a mineral body can be learned from drilling data. Moreover, it is shown in what measure and under what conditions drilling data give correct mean values for the regular and accidental type of variability. The use of statistical methods as well as the value and limits of statistical statements are described in detail.

Literatur

KALLISTOW, P. L.: Die Veränderlichkeit der Vererzung und die Beobachtungsdichte bei der Erkundung und Probenahme. — Sowjetskaja geologija, 1956, Heft 53 (russisch).

SHDANOW, M. A.: Methoden der Berechnung von Lagerstättenvorräten an Erdöl und Erdgas. — Moskau, 1952 (russisch).

SOLOWJOW, W. G.: Die Methoden der Variationsstatistik in ihrer Anwendung auf die Erkundung und Vorratsberechnung von Lagerstätten nutzbarer Bodenschätze. — Gonti Moskau, 1939 (russisch).

STAMMBERGER, F.: Über Ungenauigkeiten und „erlaubte Fehlergrenzen" bei Vorratsberechnungen. — Z. angew. Geol., 4, 1956.

— Zur Verteilung der Gehalte in Lagerstätten und zu den Charakteristiken der Verteilung. — Z. angew. Geol., 8/9, 1957.

— Können Erkundungsdaten die Lagerstättenverhältnisse richtig widerspiegeln? — Bergakademie, 2, 1958.

— Kann der Untersuchungsgrad einer Lagerstätte exakt gemessen werden? — Z. angew. Geol., 11, 1962.

— Der Einfluß des Veränderlichkeitstyps eines Mineralkörpers auf die Mittelbildung sowie Extra- und Interpolation. — Z. angew. Geol., 4, 1963.

Klassifikation der Lagerstättenvorräte fester mineralischer Rohstoffe der Deutschen Demokratischen Republik (vom 31. 1. 1962). — Z. angew. Geol., 9, 1962.

I. M. SHIWIZA & M. S. KOLBIKOW

Erfahrungen bei der Anwendung von Druckerhaltungsverfahren in Erdöllagerstätten des Nordkaukasus[1]

Referiert von KURT KAUTER, Berlin

Die Verf. schildern an drei Beispielen aus Erdöllagerstätten nördlich des Kaukasus einige Besonderheiten für die Vorbereitung und Ausführung von Maßnahmen zur Druckerhaltung. Es muß unterstrichen werden, daß diesen Sekundärprozessen für die Ausbeutung der einzelnen Lager in diesem Gebiet ökonomisch die größte Bedeutung zukommt. Sie bilden die Grundlage für eine maximale Erdölgewinnung.

Einleitend wird auf spezielle Schwierigkeiten verwiesen, die vor allem darin begründet sind, daß keine einheitlichen Speicher vorliegen, sondern Schichten, die einen häufigen und unregelmäßigen Wechsel von aleurolithischen und tonigen Partien aufweisen. Wie die geophysikalischen, physikalisch-petrographischen und hydrodynamischen Untersuchungen zeigten, schwanken sowohl die Mächtigkeiten der Schichten wie auch die der imprägnierten Zonen.

Zur Auswahl der richtigen technischen Maßnahmen hat es sich als notwendig erwiesen, Großversuche ablaufen zu lassen. Nur so konnten die wirkungsvollste Vorbehandlung, das maximale Aufnahmevermögen usw. exakt festgestellt werden.

Folgende Maßnahmen waren vor Einleitung der Sekundärprozesse zu empfehlen: 1. Behandeln der Sonden mit einer Ton-Säure-Mischung, die 1—3% Flußsäure, 1—1,5% Essigsäure und 0,2—0,25% einer oberflächenaktiven Substanz enthielt. 2. Spülen der Sonden mit Salzsäure nach vorheriger Reinigung der Bohrlochwände und der Perforationstour. Diese Säuerung wurde in 2—3 Stößen durchgeführt mit 0,5—1,0 m³ Salzsäure von etwa gleichbleibender Zusammensetzung (10—12%ige Salzsäure, 1—2% Essigsäure). Zwischen jedem Säurestoß wurde mit Klarwasser nachgespült. 3. Hydrofrac mit und ohne Quarzsandzusatz.

Für die Flutungsobjekte selbst kam zweierlei Wasser zur Anwendung: 1. artesisches Gebrauchswasser, 2. Schichtwasser. Über spezielle Aufbereitungsmethoden des Wassers wird nicht berichtet.

1. Beispiel: Öllager des ersten Horizonts der Maikop-Schichten in der Lagerstätte Kljutschewo

Im S und N wird das Lager lithologisch durch Auskeilen des Speichers begrenzt. Es bedeckt eine Fläche von 3—3,5 mal 8—10 km. Der produktive Horizont besteht aus Aleurolith, Sanden und Tonen. Die mittlere effektive Mächtigkeit beträgt 8 m. Die Permeabilität liegt etwa bei 40 md. Bis auf einen schmalen Streifen ist überall aktives Randwasser nachgewiesen. Der Anfangsschichtdruck betrug 235 at.

In den ersten drei Produktionsjahren wurden im Mittel pro Tag 600 t Flüssigkeit entnommen. Dabei sank bei einem Sättigungsdruck von 190 at der Schichtdruck auf 202 at. Im höchsten Teil des Lagers bildete sich eine Gaskappe.

Daraufhin wurde vom Randwasser aus geflutet. Bei normal ablaufendem Prozeß konnten durch 14 Injektionssonden täglich 1000—1400 m³ Wasser eingepumpt werden. Anfängliche Schwierigkeiten, die auf die Inhomogenität des Speichers zurückzuführen waren, wurden durch Hydrofrac behoben.

Ergebnis: Die Gaskappe dehnte sich nicht weiter aus. Der Schichtdruck konnte erhalten werden. Seit dieser Zeit werden aus diesem Lager zusätzlich 35% der Jahresförderung erbracht. Die Selbstkosten pro t gewonnenen Erdöls übersteigen die mittleren Selbstkosten dieses Distrikts nicht.

2. Beispiel: Öllager des Kumsker Horizonts in der Lagerstätte Nowo-Dmitrjewsk

Die Lagerstätte ist an eine Antiklinale am West-Kuban-Bogen gebunden. Sie besteht aus Gruppen von Öl- und Gaslagern, die in verschiedenen stratigraphischen Komplexen liegen.

Die hier besprochene Gruppe schwankt in der Gesamtmächtigkeit zwischen 30 und 150 m, in der effektiven Mächtigkeit zwischen 5 und 40 m. Aktives Randwasser ist ringsum nachgewiesen. Die Stockwerkshöhe der Ölführung beträgt etwa 400 m.

Durch eigenartige lithologische und fazielle Verhältnisse liegt ein hydrodynamisch abgeschlossenes Bassin vor. Die Permeabilität der ölführenden Partien wird mit 15—40 md, die der nichtölführenden mit nur einigen md angegeben.

Der Anfangsschichtdruck war bei 2720 m Teufe der Sonde mit 370 at anomal hoch. Der Sättigungsdruck des Öls schwankte zwischen 240 und 218 at. Das spez. Gew. des Öls beträgt nur 0,66 g, die Viskosität 0,35 cp. Das Erdöl ist mit 150—260 m³/t stark gashaltig.

In der ersten Förderperiode von einem Jahr wurde eine so hohe mittlere Tagesentnahme festgelegt, daß im Sondentiefsten Depressionen bis über 30 at auftraten. Infolgedessen fiel der Schichtdruck schnell ab. Es bildete sich eine Gaskappe.

Zur Durchführung von Sekundärmaßnahmen für die Druckerhaltung war es infolge der lithologischen Eigenart des Speichers erforderlich, vom Topp und vom Randwasser her zu fluten. Durch einseitiges Fluten nur von der Randzone aus wäre eine wirkungsvolle Beeinflussung der Toppartie unmöglich gewesen.

Die Injektionssonden hatten, wie nicht anders zu erwarten war, ein sehr unterschiedliches Aufnahmevermögen. Die leistungsfähigsten konnten täglich mit 150—200 m³ gespeist werden. Die schwächsten verarbeiteten nur 20—40 m³ pro Tag. Salzsäurebehandlung und Ton-Säure-Behandlung verbesserten die Bedingungen. Die in der Toppartie liegenden Einpreßsonden wurden durch vorangehende lebhafte Entnahme von Erdöl für die Injektion besonders vorbereitet.

Bei komplett ablaufendem Verfahren werden 80% der mittleren Flüssigkeitsentnahme eingepumpt. Die Wirtschaftlichkeit ist erwiesen.

[1]) Aus: „Geologia nefti i gasa", 1961, Heft 5, S. 18—23.
Übers.: TOBIAS

3. Beispiel: Zwei Öllager der Lagerstätte Anastasejewsk-Troizko

Es handelt sich um die Horizonte V und VI des Miozäns. Die Speicher sind charakterisiert durch Sand, Sandstein, Aleurolith und Ton, die unregelmäßig im Profil verteilt sind. Die produktiven Horizonte haben oft linsenförmige Erstreckung. Des weiteren wurde starker Fazieswechsel beobachtet.

Die Ausdehnung beider Horizonte im Grundriß ist fast deckungsgleich. So lag es nahe, beide in einem einzigen Gewinnungsobjekt miteinander zu verbinden. Im Topp des Horizonts V wurde eine 3 m hohe Gaskappe festgestellt. Weitere Einzelheiten der Speicher:

Horizont	Stockwerkshöhe der Ölführung in m	Spez. Gewicht der Öle in g	Viskosität in cp	ø effektive Mächtigkeit in m
V	129	0,865	4,2	7,3
VI	106	0,832	2,8	6,0

Anfangsschichtdr. = 170 at, Sättigungsdr. = 150 at

Die Permeabilität der Speicher in den ölführenden Partien mit 290—335 md verschlechtert sich zum wasserführenden Teil hin bis auf 8—10 md. Dieser Umstand wird als die Ursache dafür angesehen, daß bei geringer Gesamtentnahme von nur 60000 t Flüssigkeit der Druck bereits merklich zu sinken begann.

Nach entsprechender Vorbehandlung wurde nach der in Nowo-Dmitrjewsk erprobten und bewährten Methode vom Topp und vom Rand her geflutet. Hier kam ein Mischwasser aus Schichtwasser und artesischem Gebrauchswasser zur Anwendung. Die mittlere Aufnahmekapazität lag beim Horizont VI zwischen 70 und 100 m^3/Tag, bei den beiden Horizonten V und VI gemeinsam bei 105 m^3/Tag, beim Horizont V allein zwischen 200 und 300 m^3/Tag. Der Einpreßdruck betrug 100—110 at.

Beim plötzlichen Abstoppen des Sekundärprozesses traten ernsthafte Verstopfungserscheinungen bei den Injektionssonden auf, die bei langsamem Auslaufen des Prozesses hätten vermieden werden können.

Der Schichtdruck in beiden Horizonten wurde stabilisiert bei Aufrechterhaltung einer mittleren Tagesförderung. Seitdem wird das Prinzip des kombinierten Flutens (vom Topp und vom Rand) bei derartigen inhomogenen Speichern in breitem Umfang angewendet.

Über die Möglichkeit junger Bewegungen in den Ostbeskiden[1]

— Beobachtungen an der Dukla-Michowa-Front in Polen —

ADAM TOKARSKI, Krakau

In den polnischen Flyschkarpaten entlang der Front der Dukla-Michowa-Einheit gibt es verschiedenartige Erscheinungen, die als indirekte Beweise für eine ganz junge, quartäre Orogenese gedeutet werden können. Diese Erscheinungen kann man sogar weiter nach Westen, ins Gebiet der Magura-Einheit, verfolgen, wo die Front unter der Oberfläche verläuft.

Unter diesen Beweisen erwähnt Verf. zunächst eine Denivellierung der Niederterrasse des Durchbruchstals und weiterhin die komplizierten tektonischen Formen, die mit einer vorangehenden Denudation genetisch verbunden zu sein scheinen. Weiterhin ergibt sich längs dieser Zone eine außerordentliche Häufung von Rutschungen und deren abnorme Erosion, wie auch eine merkwürdige Modellierung der Mäander eines Längstals. Darüber hinaus kommen hier Verquetschungen und Verkrümmungen von offenen Bohrlöchern sowie das Zusammendrücken von verrohrten Sonden vor.

Alle diese Merkmale finden sich in der frontalen Zone der Dukla-Michowa-Einheit, nämlich längs der Linie, an der diese scharnierartig mit der nördlich verlaufenden Schlesischen Einheit verbunden ist. Demgemäß konnten die möglichen jüngsten tektonischen Bewegungen in dieser Zone erst dann stattfinden, nachdem schon vorher von der miozänen Hauptorogenese alle den Kern dieser Einheit schneidenden, sanft geneigten Längsdislokationen als Bewegungsbahnen genutzt worden waren. Dies hatte eine Versteifung der gesamten Einheit zur Folge mit Ausnahme der flexibel gebliebenen frontalen Scharnierzone, in der deshalb jüngere tektonische Bewegungen stattfinden konnten, ja sogar mußten.

[1]) Eingang des Manuskripts in der Redaktion: 14.6.1962.
[2]) Erst in letzter Zeit wurden in bezug auf die moravisch-silesischen Karpaten der ČSSR Beweise für postrissische tektonische Bewegungen veröffentlicht.

I. Einleitung — Mangel an unmittelbaren Beweisen

Es gilt als eine in der Geologie der Flyschkarpaten allgemein anerkannte These, daß sich diese mit immer jüngeren tektonischen Bewegungen der Gebirgskette entlang gegen Osten und Süden verschoben hätten. Das Hauptargument hierfür bildet der völlige Mangel an gestörten neogenen Bildungen, jünger als sarmatisch, am äußeren Rande der westlichen Abschnitte des Karpatenbogens[2]).

Man kann jedoch nicht leugnen, daß sich solche jüngsten Bewegungen sowohl am Rande wie auch inmitten der westlichen Abschnitte des Karpatenbogens indirekt abbilden könnten. Dies wäre sowohl in einer Verstärkung quartärer Erosionserscheinungen, in einer Häufung von Bergrutschen, in dem landschaftlichen Ausdruck einer Tektonik im Zusammenhang mit der Geomorphologie wie auch in einer jugendlichen Morphogenese einzelner Gebiete und Zonen entlang besonderer Linien zu beobachten. In der polnischen geologischen Literatur sind Versuche gemacht worden, an diese Tatsachen anzuknüpfen (B. SWIDERSKI 1932, Z. OPOLSKI 1934, H. TEISSEYRE 1933).

Bei Behandlung dieser Probleme bleibt jedoch immer die Schwierigkeit, die hydrologischen, hydrogeologischen und strukturellen Begleitumstände abzusondern sowie den Anteil zu bestimmen, den das geologische Kartenbild der zerschnittenen Formen einer disharmonischen älteren Tektonik beibringen kann.

Dem Verf. scheint daher der Umstand von Wichtigkeit zu sein, daß es ihm gelungen ist, in einer Länge von 40 km entlang der Front der Dukla-Michowa-Einheit Erscheinungen der vier erwähnten Typen zu verfolgen, die zusammen mit Beobachtungen über den Zustand von Bohrlöchern die Möglichkeit solcher jungen Bewegungen bestätigen können.

II. Indirekte Argumente

1. Bewegung der Terrassenfläche im Durchbruchstal

Eine zentrale Beobachtungsstelle für diese Zone, die der Dukla-Michowa-Front entlang nach NW und dann nach W verläuft (s. S. 253, A u. B), ist in der jungquartären niedrigen Erosions-Akkumulationsterrasse im Durchbruchstal des Baches Samoklęski zu sehen (Abb. C).

Dieses Tal durchschneidet nämlich die Mrukowa-Falte, die das frontale Element der Dukla-Michowa-Einheit bildet. Weiter nördlich wird durch dieses Tal die Samoklęski-Synklinale überquert, die zwar mit der Mrukowa-Falte über deren Nordflügel scharnierartig verbunden ist, jedoch die südlichste tektonische Erscheinung der Schlesischen Einheit bildet (A. Tokarski 1946).

Diese Niederterrasse ist dadurch charakterisiert, daß sie dort, wo das Tal in NNE-Richtung die durch Längsdislokationen komplizierte Kernzone der Mrukowa-Falte durchschneidet, eine relative Höhe von etwa 3—4 m aufweist. Sie ist aus Schottern und Lehmen gebildet, die bis 1 m mächtig werden können. Unter diesen ist der Gesteinssockel aufgeschlossen. Man findet hier zunächst die eozänen Cergowa-Schiefer, dann gegen NNE die nächstjüngeren eozänen Menilitschiefer, weiterhin die eozän-oligozänen Übergangsschichten und die oligozänen Unteren und Mittleren Krosno-Schichten des Nordflügels der Falte. Weiter nördlich, wo das Tal aus dem Gebiet der mittleren Krosno-Schichten in die oligozänen Oberen Krosno-Schichten des Kerns der Samoklęski-Synklinale in NE-Richtung übergeht, fällt systematisch mit der immer größer werdenden Breite die relative Höhe der Niederterrasse ab. Es kommt schließlich dazu, daß bei gleichbleibender Mächtigkeit der Schotter und Lehme von 1 m das Gestein der Synklinale von der Erdoberfläche dort verschwindet, wo diese Höhe nur das Ausmaß von 1 m aufzuweisen beginnt.

Noch weiter nördlich schlägt der Bach in einem über 1400 m breiten, aus den weichen Schiefern der Oberen Krosno-Schichten des Synklinalkerns herausmodellierten Tal die nördliche Richtung ein. Dort hat das Bachbett fast dieselbe Höhe wie der Talboden, in den inzwischen die Terrassenoberfläche übergegangen ist.

Aus diesem Grunde kann sich der Verf. des Eindrucks nicht erwehren, daß seit der Bildung der in Rede stehenden Terrassenoberfläche die Zone der Mrukowa-Falte bis auf 4 m gehoben worden ist. Von dieser Bewegung ist die Zone der Samoklęski-Synklinale unberührt geblieben, so daß jetzt in der erstgenannten Zone die Bacherosion wirkt, wobei in der zweiten die Akkumulation zu überwiegen scheint. Die Grenze der beiden Zonen scheint ungefähr dem Scharnier entlang zu verlaufen, welches die Mrukowa-Falte mit der Samoklęski-Synklinale verbindet. Diese Linie entspricht der Front der Dukla-Michowa-Einheit.

2. Morphotektonische Erscheinungen im SE

9 km SE des besprochenen Durchbruchs der Mrukowa-Falte entlang der Front der Dukla-Michowa-Einheit hat Verf. bei der geologischen Kartierung auffallende tektonische Verhältnisse festgestellt (D).

Es hat dort nämlich im Raume einer Querdepression der Mrukowa-Falte ein flachliegender Lappen des Südflügels über der Kernzone diskordant den steilstehenden NE-Flügel angefahren. Der Lappen besteht aus eozänen Schichten des Cergowa-Sandsteins und dessen Überlagerung, die aus Cergowa-Schiefern, Menilitschiefern und Übergangsschichten zusammengesetzt ist. Im Nordwesten ist der Lappen mit einer Querdislokation von dem abweichend gebauten, gegen Nordosten verschobenen Faltenabschnitt getrennt. Eine östliche Abzweigung derselben Dislokation bildet im SW auch die südöstliche Begrenzung des Lappens seitens des normalen Teiles des SW-Flügels im SE, demgegenüber der Lappen gegen NW verschoben wurde. Weiter nordöstlich scheint diese Abzweigung der Dislokation in eine Linie überzugehen, welche eine Abscherung des Lappens von den, den Cergowa-Sandstein unterlagernden, eozänen Bunten Schiefern sowie sein diskordantes Anfahren auf die steilstehenden Menilitschiefer und Übergangsschichten des NE-Flügels darstellt.

Dem Verf. sind in den von ihm kartierten nördlich angrenzenden Gebieten der Schlesischen Einheit keine ähnlichen tektonischen Beziehungen bekannt. So scheinen sie hier einer Morphotektonik zu entsprechen, d. h. durch die den Bewegungen vorangehende Herauspräparierung der weichen Bunten Schiefer des Faltenkerns erleichtert, ja verursacht zu sein. In solchem Falle dürfte es sich um junge Bewegungen handeln.

Um weitere 8—9 km nach SE, jenseits des von W. Moryc kartierten Faltenstückes (W. Baniak, J. Kicuła, W. Moryc 1953), konnte Verf. in einem durch H. Teisseyre (1930, 1932) und W. Baniak aufgenommenen Abschnitt der Mrukowa-Falte auf einer Fläche von 1 km² eine geologische Detailkartierung durchführen, wobei er wieder die ausgesprochenen Merkmale einer der obenbeschriebenen analogen Morphotektonik anzutreffen schien (E).

Dort taucht nämlich die südliche Abzweigung der Mrukowa-Falte axial gegen SE unter ein überschobenes, schuppenartiges südlicheres Element der Dukla-Michowa-Einheit, dessen Cergowa-Sandstein als unterster aufgeschlossener Schichtenkomplex die mittleren und unteren Krosno-Schichten der Mrukowa-Falte anfährt. Obwohl man hier im geologischen Kartenbild, von einer Querdislokation abgesehen, ein periklinales Umlaufen sowohl der oberen Grenze des Cergowa-Sandsteins, der Cergowa-Schiefer, der Menilitschiefer und der Übergangsschichten der Mrukowa-Falte wie auch der Überschiebungslinie des Cergowa-Sandsteins des südlichen Elements bemerkt, trifft das tektonisch nur für die ersteren zu. Denn, wie aus den Messungen des Schichteinfallens, vor allem auch nach der Isobathenkarte der Überschiebungsfläche hervorgeht, bildet diese Fläche hier eine einfach nach Osten einfallende, ja sogar etwas gegen Osten konkave Ebene. Der westwärts geöffnete rechte Winkel des Überschiebungsrandes ist also nur als Ergebnis der Erosion anzusehen (F).

Es ist dem Verf. gelungen, an der beschriebenen Periklinale der südlichen Abzweigung der Mrukowa-Falte — einerseits dem umlaufenden Streichen der Schichten entsprechend, andererseits parallel dem winkligen Verlauf des Überschiebungsrandes und in dessen Nähe — eine Gruppierung sekundärer Kuppeln zu beobachten, die an der Erdoberfläche aus Mittleren und Unteren Krosno-Schichten bzw. aus Übergangsschichten gebildet sind. Das nördlichste Element dieser Kuppelzone, in meridionaler Erstreckung, ist etwas höher gehoben und diskordant von der Überschiebung angefahren, sogar in den Tiefenverhältnissen abgebildet, wie es dort ein senkrecht zum Überschiebungsrand gelegter Vertikalschnitt zu beweisen scheint, der sich auf zwei Bohrungen stützt (G).

Der Meinung des Verf. nach ist es auffällig, daß eine solche Anordnung der Kuppelreihe dem eigentlichen Bau der axial eintauchenden Falte widerspricht. Sie scheint einzig dem winkligen Verlauf des Überschiebungsrandes angepaßt, ja sogar von diesem verursacht worden zu sein. Da aber in diesem Fall das südliche, schuppenartige Element mit seinem durch Erosion bedingten Rand gegen Westen drängen müßte, so dürfte auch die ganze Bewegung erst nach einer Erosionsphase eingetreten sein und einer jüngeren Umformung der Faltenstruktur entsprechen. Eine gleiche Erscheinung, wenngleich nicht in solchem Ausmaße, ist auch nördlich der Front der Dukla-Michowa-Einheit in dem zur Rede stehenden Gebiete vom Verf. beobachtet worden.

Nach Ansicht des Verf. kann dies nur jungen, zusätzlichen Bewegungen der frontalen Zone der Dukla-Michowa-Einheit zugeschrieben werden.

3. Nordwestliche morphogenetische Beobachtungen

Im NW der zentralen Beobachtungsstelle am Durchbruchstals des Samoklęski-Bachs (C) sind der Front der Dukla-Michowa-Einheit entlang und zugleich längs des N-Flügels der Mrukowa-Falte zunächst nur geomorphologische Merkmale einer möglichen jungen Bewegung zu finden.

So verläuft 3—5 km vom Samoklęski-Durchbruch entfernt (B) ein subsequenter Abschnitt des Kłopotnica-Bachs dem Nordflügel der Mrukowa-Falte entlang (H). Da hier diese Falte axial gegen NW unter die Magura-Einheit unterzutauchen beginnt, ist die Falte, die diese Synklinale im NE begleitet, mit den Schichten der Magura-Einheit erfüllt. Diese Einheit beginnt an dieser Stelle nämlich die Dukla-Michowa-Einheit gegen N zu überfahren. Infolgedessen richtet hier der Magura-Überschiebungsrand seine Front lokal gegen SW.

Zwischen den mehr oder weniger linear angeordneten Abhängen der altquartären Hochterrasse, die bis 8 m hoch ist und hauptsächlich aus Schottern besteht, ist hier eine bis 450 m breite Fläche der bis 2,5 m hohen, jungquartären, akkumulativ-erosiven Niederterrasse eingebaut. Sowohl infolge der sekundären, staffelartigen Anschnitte der Terrassenoberfläche wie auch durch die, in H nicht besonders ausgeschiedenen, jüngsten Schotterfelder bildet diese Talzone ein Mosaik von Lappen, Leisten und gewundenen Teilflächen.

Es muß selbstverständlich zugegeben werden, daß solch ein geomorphologisches Bild vollkommen von der differenzierten Lithologie der aufgeschlossenen Schichtenkomplexe des überkippten NE-Flügels der Mrukowa-Falte sowie der Magura-Einheit abzuleiten wäre. Jedoch scheint es dem Verf. nicht ausgeschlossen, daß diese eigenartig verwickelten Verhältnisse des ehemaligen und des heutigen Bachlaufs einer besonderen jungen Belebung der entsprechenden tektonischen Zone zu verdanken sind.

Weiter 1100 m nordwestlich des NW-Endes des oben beschriebenen Bachabschnitts taucht die Mrukowa-Falte axial gegen NW vollständig unter die Gesteinsmassen der Magura-Einheit ein. Diese bildet dort die Ansatzzone zur „Harklowa-Halbinsel" (A und B). Die Front der Dukla-Michowa-Einheit ist unterirdisch weiter zu verfolgen. Diese Aufgabe scheint um so leichter realisierbar zu sein, als Verf. schon früher auf Grund von Bohrungen den tiefliegenden Scheitel dieser Falte in stratigraphisch tieferen Komplexen, also gegen S versetzt, bis über 14 km nach W zu bestimmen konnte (1957).

Hier im SW verläuft nämlich in NW-Richtung ein aus Magura-Schichten aufgebauter Synklinalrücken, dessen unteren Teil die wasserführenden eozänen Magura-Sandsteine bilden (I). Diese Schichten sind im nordöstlichen Berghang zuerst von SW fallen-

---

Graphische Zusammenstellung der Merkmale möglicher junger Bewegungen der Dukla-Michowa-Front in Polen

A. Situationsskizze

B. Geologische Skizze der Mrukowa-Falte (W. BANIAK, W. MORYC, H. TEISSEYRE & A. TOKARSKI)

C. Geologische Detailaufnahme: Durchbruchsgebiet des Baches Samoklęski (A. TOKARSKI)

D. Geologische Detailaufnahme des komplizierten mittleren Teiles der Mrukowa-Falte (A. TOKARSKI)

E. Geologische Detailaufnahme des südöstlichen Periklinalgebiets der SE-Abzweigung der Mrukowa-Falte (A. TOKARSKI)

F. Strukturelle Skizze des mit „E" bezeichneten Gebiets

G. Geologischer Längsschnitt durch die SE-Periklinale der südwestlichen Abzweigung der Mrukowa-Falte

H. Geomorphologische Skizze der Mäanderzone des subsequenten Talabschnittes Kłopotnica (A. TOKARSKI)

I. Geomorphologische Karte des Rutschungsgebiets am Nordostabhang des Synklinalrückens Jawcz (A. TOKARSKI)

K. Geologischer Querschnitt durch den Nordostabhang des Synklinalrückens Jawcz

L. Geologischer Querschnitt durch die Struktur Siary (H. ŚWIDZIŃSKI, Tiefenstruktur A. TOKARSKI)

Dukla-Michowa- und Schlesische Einheit

Oligozän: 1 — Obere Krosno-Schichten; 2 — Mittlere und Untere Krosno-Schichten (für die Schlesische Einheit nur Mittlere Krosno-Schichten); 3 — Untere Krosno-Schichten (nur für die Schlesische Einheit)
Oligozän und Eozän: 4 — Übergangsschichten;
Eozän: 5 — Menilitschiefer; 6 — Cergowa-Sandstein mit Einlagerung von Menilitschiefer (a) und mit Cergowa-Schiefer bedeckt, die Einlagerungen von Oberen Cergowa-Sandsteinen enthalten (b); 7 — Bunte Schiefer

Magura-Einheit

Oligozän und Eozän: 8 — Mittlere Magura-Schichten; 9 — Untere Magura-Schichten; 10 — Submagura-Schichten;
Eozän, Paläozän und Kreide: 11 — Flyschgebilde der tieferen Partie am NE-Abhang des Rückens Jawcz insgesamt;
Eozän und Paläozän: 12 — Bunte Schiefer;
Kreide: 13 — Inoceramenschichten

Post-Flysch

Quartär: 14 — niedere Terrasse mit sekundären, staffelartigen Anschnitten (a) und mit nicht ausgeschiedenen jüngsten Schotterflächen; 15 — mittlere Terrasse; 16 — hohe Terrasse
Quartär bzw. Präquartär: 17 — höchste Terrasse, Quartär; 18 — jüngere Rutschungen; 19 — ältere Rutschungen; 20 — Schuttkegel

Konventionelle Zeichen

21 — obere Grenze der rückschreitenden Erosion der unteren Partie des Bergabhangs; 22 — höhere sekundäre Erosionsbasis der oberen Partie des Bergabhangs; 23 — Isobathen: Oberkante der Übergangsschichten in Hektametern; 24 — Isobathen: Überschiebungsfläche des südlichen tektonischen Elements in Hektametern; 25 — Quellen; 26 — Schichteinfallen und die Lage der Hieroglyphen; 27 — sekundäre Spezialstrukturen; 28 — Überschiebungsrand der Magura-Einheit; 29 — sekundäre Überschiebungen und Dislokationen; 30 — schematisierte, aufgeschlossene Front der Dukla-Michowa-Einheit der Abb. B auf Abb. A dargestellt; 31 — vermutlicher Weiterverlauf des tiefliegenden Scheitels der Mrukowa-Falte; 32 — Zone der möglichen jungtektonischen Hebung entlang der Rutschungsoberfläche; 33 — Linien der geologischen Profile; 34 — Bezeichnung der detailliert abgebildeten Gebiete C, D, E, F, G, H, I, K auf Abb. B; 35 — Bohrungen; 36 — Staatsgrenze

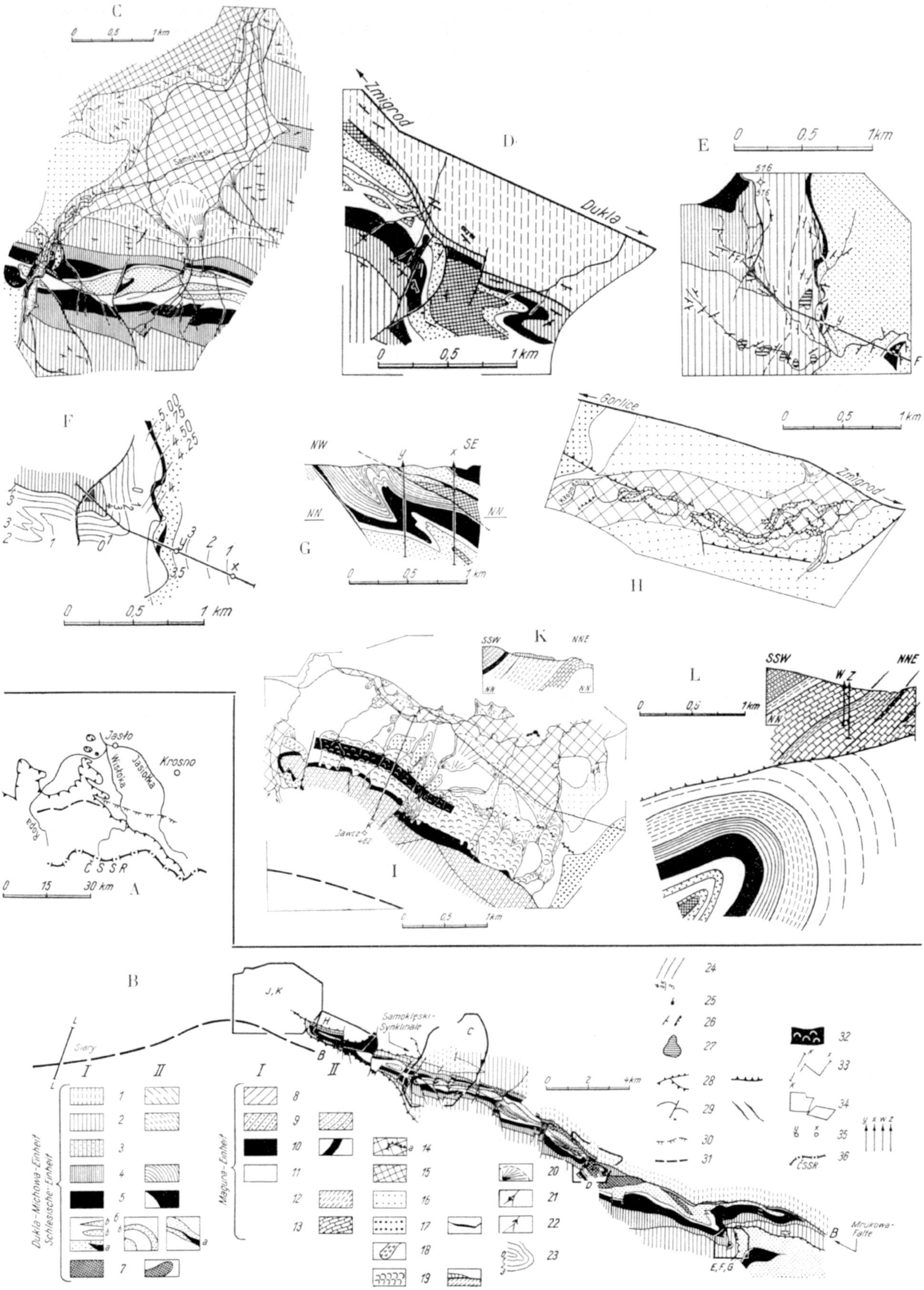
C
D
Zmigrod
Dukla
E
F
G
NW
SE
Gorlice
Zmigrod
H
I
K
SSW
NNE
L
Jasło
Wisłoka
Jasiołka
Krosno
Ropa
ČSSR
A
B
J, K
Samoklęski-Synklinale
Siery
Dukla-Michowa-Einheit
Schlesische Einheit
Magura-Einheit
Mrukowa-Falte
E, F, G

den, schiefrigen, eozänen Submagura-Schichten und weiter im Liegenden von verschuppten eozänen Bunten Schiefern unterlagert. Unter diesen folgen weiter bis zur Haupttalsohle kretazische, sandig-schiefrige Inoceramenschichten (K).

Hier, an der Quellenlinie entlang der ganzen Strecke der aufgeschlossenen Unterkante der Magura-Schichten, findet sich eine ununterbrochene Zone von älteren Rutschungen, welche 400—500 m gegen NE bergab hinabreicht. Dort enden diese Rutschungen mit einem moränenähnlichen Stirnhang. Stellenweise liegen sie auf den Fragmenten der obersten, wahrscheinlich präglazialen oder ältest-quartären Terrasse, und stellenweise steigen sie zu der Haupterrasse herab, wobei sie nirgends die Fläche der Niederterrasse erreichen. Man hat den Eindruck, als ob der Mantel älterer Rutschungen eine früher herausmodellierte Landschaft bedeckt, in welcher die obere Terrasse als Talsohle wirkte und wo die obersten Schotter Geländestufen bildeten. Das Ganze wird heute überall durch das Talniveau der Niederterrasse zerschnitten, vor allem durch die Talböden, die der tiefsten lokalen Erosionsbasis entsprechen. Es ist aber auffallend, daß die rückschreitende Erosion dieser Bachböden nur an einer einzigen Stelle in der Mitte der zur Rede stehenden Strecke die obere Grenze der Rutschungen erreicht hat. Sonst enden diese eingeschnittenen Schluchten aufwärts entweder an den Stirnhängen der Rutschungen oder in den niedrigeren Partien der abgerutschten Oberfläche. Weiter aufwärts folgt auf der Rutschungsoberfläche eine bis 100 m breite, gegen NW gerichtete Zone der neuen Erosionsbasis, jenseits welcher erst die oberen Teile der Rutschungen und deren Nischen angeschnitten werden.

Es ist zwar denkbar, daß die geschilderten Verhältnisse des „Abbaus" des erwähnten Rückens ohne jeden Einfluß der jüngeren tektonischen Bewegungen, einfach infolge struktureller und geomorphologischer Bedingungen, sich abspielen konnten. Allerdings möchte hier Verf. drei Tatsachengruppen nicht übersehen. Erstens handelt es sich nämlich um eine ununterbrochene Zone von untereinander gleichartigen Rutschungen, wie sie selten anderswo in diesem Gebiete vorkommt und was an ein regelmäßiges „Abbrechen" des Berghangs denken läßt[3]). Zweitens kann die etwa längs der Mitte der Rutschungsoberflächen verlaufende Zone der höheren Erosionsbasen der Achse einer jungen Hebung entsprechen, welche die Erosionstätigkeit an den tiefergelegenen Partien des Bergabhangs belebte und die der höherliegenden hemmte. Drittens liegt sowohl die gesamte Strecke der Rutschungen wie auch die Zone der höheren Erosionsbasen genau in der nordwestlichen Verlängerung der in dieser Richtung untertauchenden Front der Dukla-Michowa-Einheit.

Das alles scheint dem Verf. das fünfte Glied in der Zusammenstellung indirekter Argumente für die Möglichkeit des Vorhandenseins jüngerer Bewegungen zu bilden.

4. Bohrtechnische Merkmale im Westen

Schließlich ist 9 km gegen W vom NW-Ende der obenbesprochenen Strecke längs des in dieser Richtung abgebogenen tiefen Verlaufs des überkippten Scheitels im Kern der Mrukowa-Falte, dicht nördlich dieser Linie, ein interessantes Phänomen zu bemerken. In den Querprofilen der durch H. ŚWIDZIŃSKI untersuchten Erdöllagerstätte Siary[4]), die aus N-vergenten Schuppen der kretazischen Inoceramenschichten und der eozänen Bunten Schiefer besteht, sind nämlich seit Jahrzehnten eine systematische Quetschung und Verkrümmung der Bohrlöcher und ein Zusammendrücken der Verrohrung beobachtet worden (L).

Auch das scheint dem Verf. ein möglicher Ausdruck der jungen Bewegungen entlang der verdeckten Dukla-Michowa-Front zu sein.

III. Bevorzugte Zone der möglichen jungen Bewegungen

Da die in den vorhergehenden Abschnitten dargelegten Gründe dem Verf. Beweise für die Möglichkeit junger Bewegungen der Dukla-Michowa-Front, sowohl in ihrem aufgeschlossenen wie auch in ihrem verdeckten Teil, zu geben scheinen, taucht die Frage der Ursache ihrer zonalen Anordnung und Beschränkung auf.

Es ist eben für die Dukla-Michowa-Einheit typisch, daß dort die heftigsten N-vergenten Bewegungen nicht an der Stirn der Einheit, sondern in ihrem Innern an mehreren sanft geneigten Dislokationsflächen stattgefunden haben. Dabei ist die Front selbst scharnierartig mit der nördlich auftretenden südlichsten Synklinale der Schlesischen Einheit verbunden (H. THEISSEYRE 1930, A. TOKARSKI & J. TOKARSKI 1954). Es wäre aber auch vorstellbar, daß alle diese früher bevorzugten Bewegungsbahnen und Bewegungsflächen in der miozänen orogenetischen Hauptphase der alpinen Faltung im ganzen Ausmaß ausgenützt wurden, wodurch sich das Innere der Dukla-Michowa-Einheit versteifte. Demzufolge träte nachher das biegsame, frontale Scharnier als einzige Bewegungszone in den Vordergrund.

Zusammenfassung

Verf. trägt eine Menge geologischer, tektonischer, morphologischer, hydrogeologischer und technischer Argumente vor, aus denen er Rückschlüsse auf allerjüngste orogenetische Bewegungen zieht. Das Beobachtungsgebiet liegt in den Ostbeskiden, südlich von Jasło und Krasno, und erfaßt geologisch die Einheiten der Mrukowa-Falte, der Samoklęski-Synklinale und der Magura-Decke.

Резюме

Автор приводит большое количество геологических, тектонических, морфологических, гидрогеологических и технических доводов, на основе которых он сообщает выводы о самых молодых орогенических движениях. Район наблюдения расположен в Восточных Бескидах южнее Ясло и Кросно и геологически охватывает единицы Мруковской складки, Самокленской синклинали и Магурского покрова.

Summary

The author presents a great many geological, tectonic, morphological, hydrogeological and technical arguments, from which he draws conclusions concerning the latest orogenetic movements. The area of observation is situated south of Jasło and Krasno in the East Beskids and geologically comprises the units of the Mrukowa fold, Samokleski syncline and Magura nappe.

---

[3]) Schon vor 20 Jahren nahm Prof. S. SOKOŁOWSKI während einer mit dem Verf. geführten Besprechung die Möglichkeit einer jungen „spättektonischen" Seismik an, welche seiner Meinung nach imstande wäre, regionale Rutschungserscheinungen hervorzurufen.

[4]) Prof. H. ŚWIDZIŃSKI hat dem Verf. liebenswürdig seine unveröffentlichten, die Erdöllagerstätte Siary betreffenden Materialien zur Verfügung gestellt, wofür ihm Verf. an dieser Stelle danken möchte.

Literatur

BANIAK, W., J. KICUŁA & W. MORYC: Sprawozdanie z badan geologicznych przeprowadzonych w rejonie Dukli i Mszany. – Archivum Prziem. Naft., Kraków 1953.

OPOLSKI, Z.: Najmlodsze ruchy tangencjalne i malopromienne w polskich Karpatach. – Prace Geogr. E. Romera, Lwow 1934.

ROTH, Z.: Structure and geological position of Moravo-Silesian Beskids CSlS. – Geologické práce Z. 60, Geol. Úst. D. Stura, Bratislava 1961.

SWIDERSKI, B.: Sur l'évolution tectonique et morphologique des Carpathes polonaises au tertiaire et quaternaire. – Ann. Soc. Géol. Pol. V., VIII. Kraków 1932.

TEISSEYRE, H.: Rapport des recherches géologiques effectuées en 1929 aux environs de Dukla. – P.I.G Rapports V., Warszawa 1930.
– Sur la structure géologique des Carpathes de Dukla. – ibidem V. VII (1932).
– Spaczenie teras wschodniego Podkarpacia w stosunku do kulminacji fliszu obwodowego. – Geol. i Stat. Naft., Nr. 8, Boryslaw 1933.

TOKARSKI, A.: Zachodnia czesc faldu Mrukowej oraz mozliwosci ropne terenów Pielgrzymki i Folusza. – Nafta, Nr. 11, 12, Katowice 1946.
– Nouvelle zone pétrolifère dans les Carpathes. – C.R. XX. Congr. Geol. Int., Mexico D.F. 1957.

TOKARSKI, A. & J. TOKARSKI: On the Tuffite Layer of the Upper Krosno Beds in the Dukla Region of the Carpathians. – Bull. Int. Ac. Pol. Sc., Cl. III (1954).

Ein Vergleich der Glassande von Hohenbocka und Weferlingen[1)]

HANS-JOACHIM BLANKENBURG, Jena

(Mitteilung aus dem Chemischen Laboratorium des VEB Jenaer Glaswerk Schott & Gen., Jena)

1. Einleitung

Da an die Reinheit des Rohstoffs „Glassand" von seiten der Glasindustrie immer höhere Ansprüche gestellt werden (SCHEIDHAUER 1961, HOFFMANN 1961, KALSING 1962, SCHMIDT & VOSS 1958), wurden einige Sandproben aus den Lagern Hohenbocka und Weferlingen einer mineralogischen Untersuchung unterzogen. Die Ergebnisse sollen im folgenden aufgezeigt und miteinander verglichen werden. Die Probenahme erfolgte 1961 in Form von Schlitzproben, die eine Mächtigkeit von zwei Metern repräsentieren, und zwar im

VEB Hohenbockaer Glassandwerke, Hosena, Werk I, Kohlengrube	6 Proben
Braunkohlengrube Heide, Lausitz	7 Proben
VEB Sand- und Tonwerke, Walbeck, Sandgrube Weferlingen	8 Proben

2. Vergleich der Siebanalysen

Von den Proben wurden jeweils 3 · 200 g eingewogen und die Schütteldauer von 5 Minuten auf einer Planprüfsiebmaschine mit linearer Bewegung in der Siebbodenebene (BATEL 1960) eingehalten. Die Siebe hatten die Maschenweiten 0,3 mm, 0,2 mm und 0,1 mm. Die Ergebnisse der einzelnen Analysen wurden für den Sand aus jeweils einer Grube gemittelt und diese Werte in Tab. 1 zusammengestellt. Es ist daraus zu entnehmen, daß die Hauptfraktion für den Lausitzer Sand (Werk I und Heide) genau in den gleichen Grenzen von 0,1 bis 0,3 mm liegt wie für den Weferlinger Sand. Ein wesentlicher Unterschied ist aber durch die Verteilung innerhalb dieser Kornfraktion gegeben, was aus Abb. 1, wo die Häufigskeitsverteilung der Kornzusammensetzungen dargestellt ist, gut zu erkennen ist. Während beim Hohenbockaer Sand 70–80% der Quarzkörner einen Durchmesser von 0,1–0,2 mm haben, treten in der Fraktion beim Weferlinger Sand nur 36% auf.

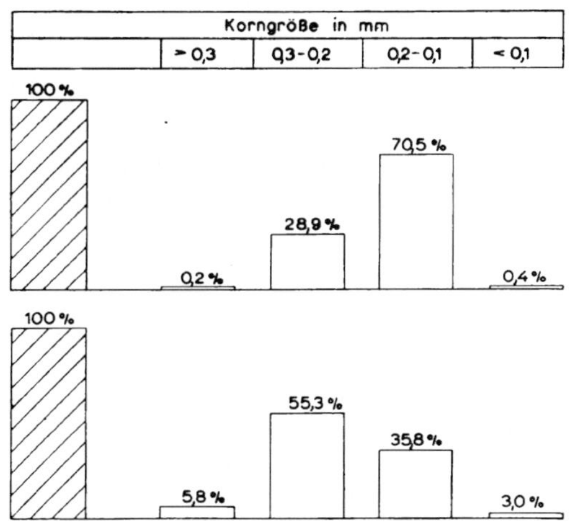

Abb. 1. Häufigkeitsverteilung der Kornzusammensetzung, oben Hohenbocka, unten Weferlingen

Tab. 1. Vergleich der Korngrößenverteilung

Grube	Korngrößen in mm			
	> 0,3	0,3 – 0,2	0,2 – 0,1	< 0,1
	Gew.-%			
Werk I	0,22	28,91	70,46	0,40
Heide	0,83	15,90	82,16	1,12
Weferlingen	5,80	55,29	35,85	3,05

Tab. 2. Vergleich der Begleitmineralgehalte

Probe	Werk I		Heide		Weferlingen
	a	b	a	b	a
1	0,092	0,094	0,075	0,079	0,118
2	0,137	0,143	0,036	0,037	0,025
3	0,016	0,017	0,040	0,039	0,014
4	0,248	0,245	0,035	0,033	0,015
5	0,085	0,088	0,062	0,063	0,088
6	0,107	0,101	0,049	0,046	0,004
7			0,102	0,099	0,025
8					0,007
Durchschnitt	0,114	0,115	0,057	0,057	0,037

a: ungesiebtes Ausgangsmaterial
b: errechnet aus den Begleitmineralgehalten der Siebfraktionen

3. Prozentualer Gehalt an Begleitmineralien

Die in den Quarzsanden vorkommenden Begleitmineralien wurden zum Zwecke einer mikroskopischen Untersuchung mittels Bromoform vom Quarz abgetrennt. Es dienten dazu Einwaagen von jeweils 20 g Sand.

Vergleich der Begleitmineralgehalte der Sande von Hohenbocka und Weferlingen

Der prozentuale Gehalt an den sogenannten Schwermineralien schwankt sehr von Probe zu Probe, und des-

1) Eingang des Manuskripts in der Redaktion: 7. 11. 1962

Tab. 3. Verteilung der Begleitmineralien im Hohenbockaer Sand innerhalb der Siebfraktionen

Probe	> 0,3 mm in %		0,3 – 0,2 mm in %		0,2 – 0,1 mm in %		< 0,1 mm in %	
	a	b	a	b	a	b	a	b
Werk I								
1	1,053	0,0023	0,016	0,0046	0,020	0,0141	18,271	0,0731
2	0,505	0,0011	0,025	0,0072	0,027	0,0190	28,853	0,1154
3	0,041	0,0001	0,004	0,0012	0,012	0,0085	1,854	0,0074
4	40,929	0,0900	0,067	0,0194	0,055	0,0388	24,186	0,0967
5	6,017	0,0132	0,008	0,0023	0,024	0,0169	13,785	0,0551
6	10,967	0,0241	0,002	0,0006	0,008	0,0056	17,722	0,0709
Durchschnitt	9,919	0,0218	0,020	0,0059	0,024	0,0172	17,445	0,0698
Heide								
1	1,731	0,0144	0,007	0,0011	0,030	0,0246	3,464	0,0388
2	0,005	0,0001	0,009	0,0014	0,015	0,0123	2,033	0,0228
3	0,105	0,0009	0,007	0,0011	0,024	0,0197	1,529	0,0171
4	1,008	0,0084	0,005	0,0008	0,015	0,0123	0,985	0,0110
5	2,091	0,0174	0,023	0,0037	0,033	0,0271	1,313	0,0147
6	0,786	0,0065	0,008	0,0013	0,010	0,0082	2,684	0,0301
7	4,311	0,0358	0,051	0,0081	0,033	0,0271	2,492	0,0279
Durchschnitt	1,434	0,0122	0,016	0,0025	0,023	0,0188	2,071	0,0218

a: bezogen auf die Siebfraktionen
b: bezogen auf das ungesiebte Ausgangsmaterial

halb sind alle Ergebnisse in der Tab. 2 unter a aufgeführt. Es ist daraus zu entnehmen, daß der Gehalt für die Kohlengrube Werk I zwischen 0,016% und 0,248% und für die Grube Heide zwischen 0,035% und 0,102% schwankt. In der Grube Weferlingen liegen die Werte bis auf zwei Proben unter 0,030%. Die Mittelwerte zeigen deutlich, daß der Hohenbockaer Sand eine größere Menge Begleitmineralien enthält als der Weferlinger Sand.

Verteilung der Begleitmineralgehalte in den Siebfraktionen

Da der Gehalt an Schwermineralien beim Hohenbockaer Sand im Mittel bei 0,06% bzw. 0,11% liegt, wurden die einzelnen Siebfraktionen auf die Verteilung der Minerale hin untersucht, und es ergaben sich die aus Tab. 3 ersichtlichen Werte. Diese Tabelle ist unterteilt in a: die Auswaage bezogen auf die Einwaage der Siebfraktion, und b: der Gehalt bezogen auf das ungesiebte Material. Durch Summieren der Werte von b lassen sich die durchschnittlichen Gehalte an Begleitmineralien der einzelnen Proben aus den Siebfraktionsuntersuchungen errechnen. Diese Zahlen, in Tab. 2 unter b zusammengestellt, stimmen im wesentlichen mit den experimentell ermittelten Werten überein.

Die Unterteilung der Tab. 3 macht deutlich, daß einmal der prozentuale Gehalt in den einzelnen Fraktionen einer Probe und der Gehalt in derselben Fraktion mehrerer Proben sehr unterschiedlich sind und daß zum anderen ein großer Teil der Mineralien nicht in den Hauptfraktionen der Sande vorkommt. Um das noch klarer herauszustellen, wurden die Durchschnittswerte von b in der Tab. 4 weiter gemittelt, und es ergab sich, daß der Schwermineralgehalt in der Hauptfraktion von 0,1—0,3 mm des Hohenbockaer Sandes bei 0,02% liegt, während der Gehalt in den Nebenfraktionen >0,3 mm und <0,1 mm zusammen 0,06% beträgt. Bezogen auf 10 t Glassand sind das 2 kg eisenhaltige Begleitmineralien in 98% (Hauptfraktion) und 6 kg in 2% (Nebenfraktionen) des Sandes.

Erklärung der starken Unterschiede im prozentualen Gehalt an Begleitmineralien

Bei der Betrachtung der Ergebnisse fallen die Unterschiede in den Schwermineralgehalten auf.

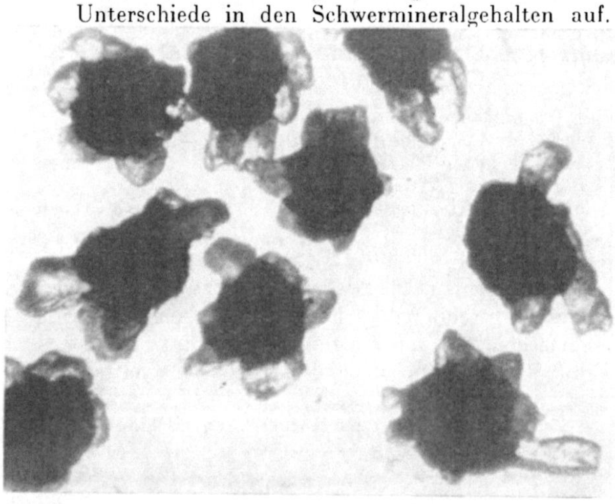

Abb. 2. Pyrit und Quarz, Braunkohlengrube Heide, Probe 7, Gesamtvergrößerung 64fach

Eine Erklärung dafür ergab die mikroskopische Untersuchung. Es wurde festgestellt, daß der Pyritgehalt sehr wechselnd ist und daß dieses Mineral in zwei verschiedenen Formen auftritt.

Auffallend ist das Aneinanderhaften von Pyrit und Quarz. Der Pyrit ist feinkristallin und bindet mehrere meist abgerundete Quarzkörner (Abb. 2). Der Durchmesser eines solchen Gebildes ist immer größer als 0,3 mm. Zum anderen liegt er in Form kleiner, feinkristalliner Kügelchen (Durchmesser <0,1 mm) vor. Durch dieses Auftreten ist es zu erklären, daß zum Beispiel bei Werk I, Probe 4, in der Fraktion >0,3 mm 41% und in der Fraktion <0,1 mm 24% Schwermineralien gefunden wurden.

Tab. 4. Mittelwerte der Verteilung in den vier Siebfraktionen

Werk I > 0,3 mm	Werk I 0,3 – 0,2 mm	Werk I 0,2 – 0,1 mm	Werk I < 0,1 mm	Heide > 0,3 mm	Heide 0,3 – 0,2 mm	Heide 0,2 – 0,1 mm	Heide < 0,1 mm
0,0218	0,0059	0,0172	0,0698	0,0122	0,0025	0,0188	0,0218

Werk I: 0,0059 + 0,0172 → 0,0115; 0,0218 + 0,0698 → 0,0458
Heide: 0,0025 + 0,0188 → 0,0104; 0,0122 + 0,0218 → 0,0170
Werk I > 0,3 / Heide > 0,3 → 0,0170
Werk I 0,3–0,2 / Heide 0,3–0,2 → 0,0042
Werk I 0,2–0,1 / Heide 0,2–0,1 → 0,0177
Werk I < 0,1 / Heide < 0,1 → 0,0458
0,0042 / 0,0177 → 0,0219
0,0170 / 0,0458 → 0,0628

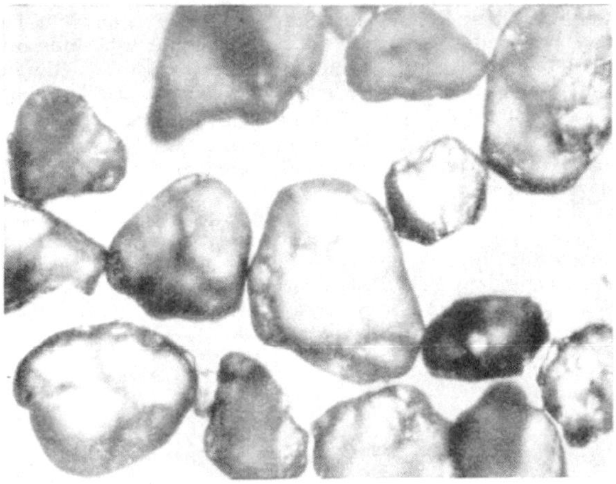

Abb. 3. Quarz, Grube Weferlingen, Probe 5, Gesamtvergrößerung 84fach

Abb. 5. Pyrit/Quarz, Grube Weferlingen, nördliche Abbauwand

4. Mineralinhalt der Sande

Durch mikroskopische und spektrochemische Untersuchungen konnten im Hohenbockaer Sand 16 und im Weferlinger 14 verschiedene Minerale beobachtet werden. Die in der Tab. 5 verwendeten Angaben über die chemische Zusammensetzung und Dichte wurden SCHÜLLER (1954) entnommen. Die Mineralien wurden nach der alphabetischen Reihenfolge geordnet.

Beschreibung der Mineralien

Nur einige von den in Tab. 5 zusammengestellten Mineralien wurden in allen Proben gefunden, so zum Beispiel Rutil, Augit und Biotit. Andere wieder sind nur einmal (Staurolith) oder zweimal (Apatit) beobachtet worden; deshalb wurde versucht, eine Häufigkeitsverteilung durch Auszählen zu ermitteln. In Tab. 6 wurde die Anordnung dann wie folgt getroffen: Die Zahl 1 bedeutet, daß das Begleitmineral an 1. Stelle steht, also am häufigsten in der jeweiligen Probe vorkommt, und die Zahl 14 z. B. sagt aus, daß das Mineral wegen seiner Seltenheit auf Platz 14 gestellt werden mußte.

Im folgenden sollen die Mineralien nach der Häufigkeit ihres Auftretens beschrieben werden.

Quarz: Der Quarz ist beim Weferlinger Sand wasserhell-durchsichtig. Selten treten undurchsichtig-weiße und hellbraun gefärbte Kristalle auf. Öfters aber sind Quarze von einer Eisenoxydschicht überzogen. Dagegen zeigt der Quarz des Hohenbockaer Sandes seltener diese Überzüge, er ist farblos bis lichtbraun gefärbt. Die Kristalle sind stark gerundet, wie es auf Abb. 3 zu erkennen ist. Quarzsplitter wurden mitunter in der Fraktion < 0,1 mm gefunden.

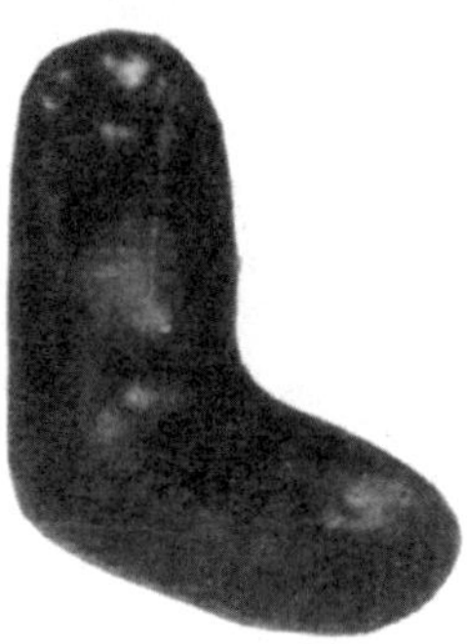

Abb. 4. Rutilzwilling, Werk I, Kohlengrube, Probe 3, Gesamtvergrößerung 100fach

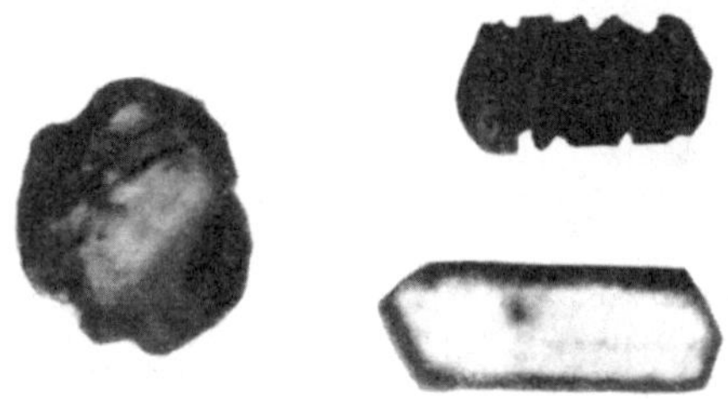

Abb. 6. Turmalin, Braunkohlengrube Heide, Probe 3, Gesamtvergrößerung 100fach

Rutil: Die Kristalle sind dunkelrotbraun gefärbt und liegen meist kugelig bis abgerundet-säulig vor. Zwillinge nach (101) (Abb. 4) und feinverzwillingter Rutil wurden nur im Hohenbockaer Sand gefunden. Die Oberfläche der Körner ist immer rauh und feinporig. Selten wurden unregelmäßige Splitter gefunden.

Biotit: Die dünnen Blättchen fallen auf Grund ihres Perlmutterglanzes im Sand schon makroskopisch auf. Die Farbe des Biotits ist im Hohenbockaer Sand braun bis graubraun und im Weferlinger Sand hellgrau bis dunkelgraubraun. Unter dem Mikroskop zeigen manche der abgerundeten Schüppchen kreisrunde Löcher, und an einigen Kristallen konnte der pseudohexagonale Umriß beobachtet werden.

Tab. 5. Zusammenstellung der in den Sanden von Hohenbocka und Weferlingen enthaltenen Minerale

Nr.	Name	Chemische Zusammensetzung	Dichte
1	Anatas	TiO_2	3,8 – 3,9
2	Andalusit	$Al_2[O/SiO_4]$	3,1 – 3,2
3	Apatit	$Ca_5[(F, Cl, OH)/(PO_4)_3]$	3,16 – 3,22
4	Augit	$Ca_{6,5}Na_{0,5}Fe^{++}Mg_6(Al, Fe^{+++}, Ti)_2\,[Al_2Si_{14}O_{48}]$	3,3 – 3,5
5	Biotit	$K(Mg, Fe, Mn)_3[(OH, F)_2/Al, Si_3O_{10}]$	2,8 – 3,2
6	Hämatit	Fe_2O_3-α	5,2 – 5,3
7	Hornblende	$(Na, K)_{0,5-2}Ca_{3-4}Mg_{3-8}Fe^{++}{}_{2-4}(Al, Fe^{+++})_2$ $[(OH)_4Al_{2-4}Si_{14-22}O_{44}]$	3,0 – 3,47
8	Ilmenit	$FeTiO_3$	4,72 – 4,76
9	Korund	Al_2O_3-α	3,9 – 4,1
10	Magnetit	Fe_3O_4	5,2
11	Plagioklase	$NaAlSi_3O_8$-$CaAl_2Si_2O_8$	2,62 – 2,76
12	Pyrit	FeS_2	4,8 – 5,0
13	Quarz	SiO_2	2,65
14	Rutil	TiO_2	4,2 – 4,3
15	Staurolith	$Al_4Fe^{++}[(OH)_2O_2/(SiO_4)_2]$	3,7 – 3,8
16	Turmalin	$(Na, Ca)\,(Fe, Mg)_3(Al, Fe)_6[(OH)_{1-3}/(BO_3)_3/Si_6O_{18}]$	3,2
17	Ton		
18	Zirkon	$ZrSiO_4$	3,9 – 4,8

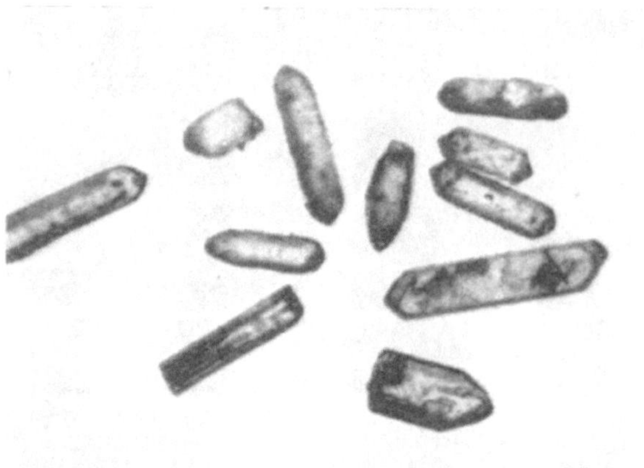

Abb. 7. Zirkon, Werk I, Kohlengrube, Probe 3, Gesamtvergrößerung 100fach

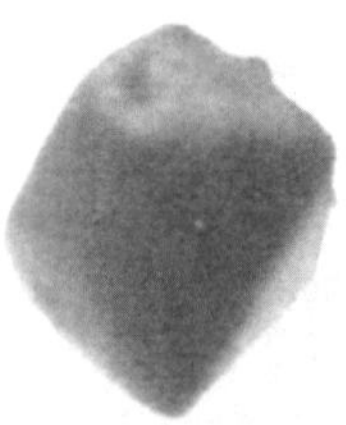

Abb. 8. Magnetitoktaeder, Braunkohlengrube Heide, Probe 6, Gesamtvergrößerung 140fach

Augit: Der Augit, der immer in Form abgerundeter Körner vorlag, zeigte deutlichen Pleochroismus, der $\| \beta$ gelbe bis hellgrünbraune und $\| \gamma$ graugrüne bis olivbraune Farben aufwies. Die Oberfläche war rauh. Spaltrisse wurden selten beobachtet. Spektrographisch ließ sich ein beträchtlicher Titangehalt feststellen.

Pyrit: Während im Hohenbockaer Sand in allen Proben Pyrit gefunden wurde, trat er im Weferlinger Sand nicht so oft auf. Dafür war aber eine andere Erscheinung häufig: Das Anhaften von Pyrit an Quarz, wie schon oben beschrieben, tritt dort lokal so stark auf, daß Gebilde gefunden werden können, wie sie auf Abb. 5 zu sehen sind. Stangen, Zapfen, Kugeln und Platten aus Pyrit und Quarz, bis zu 20 cm lang, kommen vor. Der Pyrit ist immer feinkristallin ausgebildet, so daß keine Flächen identifiziert werden konnten.

Tab. 6. Häufigkeitsverteilung der Minerale

Probe	Anatas	Andalusit	Apatit	Augit	Biotit	Hämatit	Hornblende	Ilmenit	Korund	Magnetit	Plagioklase	Pyrit	Rutil	Staurolith	Turmalin	Ton	Zirkon
Werk I																	
1	8	–	–	6	5	12	10	13	9	3	7	1	2	–	4	–	11
2	3	–	13	2	5	11	9	–	10	8	4	6	1	–	7	–	12
3	8	–	–	6	1	–	11	12	9	3	2	10	4	–	5	–	7
4	7	–	–	6	4	–	9	11	10	–	1	2	3	12	5	–	8
5	7	–	12	5	1	11	13	8	10	14	4	9	2	–	3	–	6
6	5	–	–	2	8	9	11	12	10	–	1	6	4	–	3	–	7
Heide																	
1	5	–	–	6	8	–	11	10	9	–	1	3	7	–	2	–	4
2	5	–	–	2	1	11	12	7	9	–	3	10	6	–	4	–	8
3	6	–	–	4	3	10	11	5	8	–	–	9	1	–	2	–	7
4	4	–	–	2	9	11	6	–	10	8	1	7	3	–	5	–	12
5	7	–	–	2	1	–	3	–	9	11	5	10	4	–	8	–	6
6	5	–	–	1	6	–	7	12	11	9	3	10	8	–	2	–	4
7	6	–	–	4	5	–	8	–	–	–	–	1	2	–	3	–	7
Weferlingen																	
1	–	3	–	7	6	5	8	–	–	11	–	10	4	–	9	1	2
2	–	–	–	3	9	6	–	10	7	4	–	–	2	–	8	1	5
3	–	7	–	5	2	–	–	8	–	–	–	4	3	–	9	1	6
4	–	7	–	4	3	–	–	–	–	–	–	5	2	–	6	1	–
5	–	9	–	5	4	11	7	–	10	–	–	6	2	–	8	1	3
6	–	4	–	3	8	–	–	5	–	–	–	7	2	–	–	1	6
7	–	8	–	4	2	10	7	–	9	–	–	–	3	–	6	1	5
8	–	4	–	6	7	–	–	–	–	8	–	–	2	–	3	1	5

Turmalin: Durch seinen starken Pleochroismus fällt der Turmalin auf. Die auftretenden Farben sind hellgrünbraun bis dunkelolivbraun und schwarz. Nur in der Probe 1, Heide, konnten violette Kristalle beobachtet werden. Der Turmalin ist nach der c-Achse gestreckt, und häufig sind die Flächen $(10\bar{1}0)$, $(01\bar{1}0)$ und $(10\bar{1}1)$ zu erkennen. Im Hohenbockaer Sand wurden angelöste Kristalle gefunden, wie auf Abb. 6 dargestellt ist.

Zirkon: Dieses Mineral ist in den zu vergleichenden Sanden sehr unterschiedlich. Idiomorphe Kristalle mit den Flächen (110), (321) und (111) wurden nur im Hohenbockaer Sand gefunden (Abb. 7). Der Zirkon im Weferlinger Sand ist säulig nach der c-Achse gestreckt, aber abgerundet. Die Oberfläche der farblosen Kristalle ist rauh.

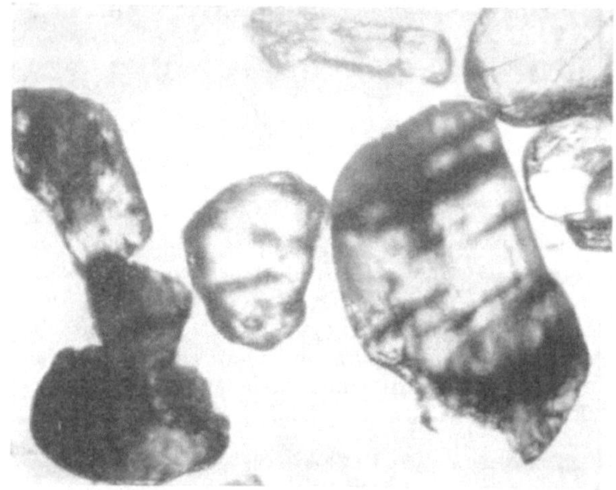

Abb. 9. Andalusit, Grube Weferlingen, Probe 5, Gesamtvergrößerung 100fach

Korund: Im Hohenbockaer Sand tritt der Korund häufiger auf als im Weferlinger Sand und ist leicht an seiner hellblauen bis dunkelblauen Farbe zu erkennen. Die Kristalle sind teils abgerundet, teils splitterig.

Hornblende: Die Farbe des Minerals ist hellgrüngelb bis graugrünbraun. Die Kristallbruchstücke sind unregelmäßig, mit stark angegriffenem Rand und poriger Oberfläche.

Ilmenit: In beiden Sanden tritt der Ilmenit auf, aber er ist nicht in allen Proben gefunden worden. Die Körner sind vollkommen abgerundet und von dunkelbrauner bis dunkelgraubrauner Farbe.

Hämatit: Der Hämatit kommt in zwei verschiedenen Ausbildungsformen vor, einmal als kleine erdige Zusammenballungen mit hell- und dunkelgraubrauner Farbe, und zum anderen überziehen dünne Häutchen andere Mineralien. Diese Häutchen zeigen eine ähnliche Erscheinung wie eine dünne Ton- oder Schlammschicht beim Austrocknen. Sie sind unregelmäßig gerissen und haben sich an den Rändern schwach aufgerollt.

Magnetit: Dieses Eisenoxyd ist schwarz, undurchsichtig und tritt in Bruchstücken auf. In der Probe 6, Heide, wurde ein Oktaeder gefunden, das außerdem die Würfelfläche deutlich zeigt (Abb. 8).

Ton: Der Tongehalt des ungewaschenen Weferlinger Sandes beträgt etwa 1%. Es gibt in der Grube Anreicherungen, wo meterhohe Toneinspießungen vorliegen.

Plagioklase: Im Hohenbockaer Sand sind weißgelbliche Feldspatbruchstücke

Abb. 10. Staurolithzwilling, Werk I, Kohlengrube, Probe 4, Gesamtvergrößerung 100fach

häufig. Die mikroskopische Untersuchung ergab, daß es sich dabei um Plagioklase handelt, die aber teilweise stark kaolinisiert sind. An Kristallflächen wurden (001) und (010) erkannt.

Anatas: Das zweite Titanoxyd liegt im Hohenbockaer Sand in Form länglicher, dünner, farbloser bis gelblicher Blättchen vor. Diese sind abgerundet und zeigen häufig eine Spaltbarkeit nach (111). Teilweise hatten sie braune Einschlüsse, die auf Grund der Farbe und Lichtbrechung als Rutil gedeutet wurden.

Andalusit: Nur im Weferlinger Sand war Andalusit zu finden. Dieses Material ist farblos bis hellrosarot. An diesem Pleochroismus sind die abgerundeten und unregelmäßigen Bruchstücke gut zu erkennen. Abb. 9 zeigt deutlich die Spaltrisse nach (110) an dem großen Kristall.

Apatit: Nur in zwei Proben konnte Apatit nachgewiesen werden. Er lag in Form lichtgrauer, durchsichtiger Bruchstücke vor, die etwas abgerundet waren.

Staurolith: Trotz der in den untersuchten Sanden so großen Seltenheit wurden die Staurolithkristalle auch verzwillingt nach (232) gefunden, wie Abb. 10 zeigt. Daneben lagen sie in kurzen, meist abgerundeten Säulen parallel der c-Achse gestreckt vor, die gelb gefärbt waren.

Zusammenfassung

Neben der Korngrößenverteilung in den Glassanden von Hohenbocka und Weferlingen wurde vor allem Wert auf die Untersuchung der Begleitmineralien gelegt. Es wurde nachgewiesen, daß im Hohenbockaer Sand ein größerer Prozentsatz dieser Mineralien enthalten ist als im Weferlinger Sand. Weiter ergab sich, daß die Verteilung innerhalb der Siebfraktion sehr unregelmäßig ist, daß in der Hauptfraktion (0,1–0,3 mm) weniger Schwermineralien vorkommen als in den Nebenfraktionen. Bei der mikroskopischen Untersuchung konnten insgesamt 18 verschiedene Mineralien in den Quarzsanden gefunden werden, die beschrieben wurden.

Резюме

Наряду с распределением зернистости, особое значение придавалось исследованию минералов-спутников. Оказалось, что в песке из Хохенбокка встречается больший процент этих минералов, чем в песке из Веферлинген. Дальше выяснилось, что распределение внутри ситовых фракций очень неравномерно и что в основной фракции (0,1–0,3 мм) меньше тяжелых минералов чем в побочных фракциях. При микроскопическом исследовании удалось найти в кварцевых песках всего 18 различных минералов, которые описываются.

Summary

In addition to the grain size distribution importance was attached above all to the investigation of the accessory minerals. It was shown that the percentage of these minerals contained in the sand of Hohenbocka is greater than in the sand of Weferlingen. Moreover, the distribution within the sieve fractions is very irregular, and there are less heavy minerals in the main fraction (0.1 to 0.3 mm) than in the secondary fractions. During the microscopic investigation 18 different minerals altogether could be found in the quartz sands and are described.

Literatur

Batel, W.: Korngrößenmeßtechnik. — Springer-Verlag, Berlin/Göttingen/Heidelberg 1960.

Hoffmann, C.: Die qualitativen Anforderungen der Glasindustrie an die natürlichen Rohstoffe Glassand, Dolomit, Kalk und Feldspat. — Informationsdienst Glastechn., 4, 85 (1961).

Kalsing, H.: Glastechnologie. — Sprechsaal, 95, 12 (1962).

Scheidhauer, G.: Anforderungen der Jenaer Spezialglas-Industrie an die Qualität der natürlichen einheimischen Glasrohstoffe. — Informationsdienst Glastechn., 4, 87 (1961).

Schmidt, R. & H. Voss: Die Rohstoffe der Glasindustrie. — Akad. Verl.-Ges., Leipzig 1958.

Schüller, A.: Die Eigenschaften der Minerale II. — Akademie-Verlag, Berlin 1954.

Injektionsschleier in Felsgesteinen[1)]

J. Verfel, ČSSR

In der ČSSR wurden in den letzten Jahren zahlreiche Talsperren gebaut, bei denen zur Abdichtung der Gesteine Injektionsschleier angelegt wurden. Verf. schildert im folgenden einige Erfahrungen und Grundsätze, nach welchen Injektionsschleier in festen Gesteinen des Felsuntergrundes errichtet wurden.

Konstruktion des Injektionsschleiers, Tiefe und Anordnung der Bohrlöcher

Einreihige oder mehrreihige Injektionsschleier

Nach den bei uns gesammelten Erfahrungen mit Injektionsschleiern sind wir der Ansicht, daß sorgfältig angelegte einreihige Injektionsschleier für die bei uns üblichen Talsperrentypen vorteilhafter sind als mehrreihige. Die Anwendung eines einreihigen Injektionsschleiers wird wie folgt begründet:

1. Die Injektionsstollen unserer Talsperren haben eine Breite von 1,8–2,7 m, ausnahmsweise bis etwa 3 m. Ziehen wir nun in Erwägung, daß die Breite der Bohrgarnitur 1,0–1,2 m beträgt, so ergibt sich die Möglichkeit, die Bohrlöcher in einer Entfernung von 0,6–0,7 m von der Stollenwand niederzubringen. Hieraus ergibt sich der Abstand der Injektionsreihen von 0,6–1,5 m, max. 1,8 m. Die Errichtung eines Injektionsschleiers außerhalb des eigentlichen Stollens zur Vergrößerung der Abstände zwischen den einzelnen Reihen ist nach Beendigung der Betonierung der Fundamentlamelle nicht vorteilhaft, und zwar aus dem Grunde, weil die Injektionsarbeiten bei einer geringen Decke (ca. 5 m) durchgeführt werden müßten. Deshalb war es notwendig, sehr kleine Drücke zu wählen, damit es nicht zur Hebung der Gründungssohle der Talsperre kommt. Diese Arbeitsweise würde aber den Baufortschritt hemmen.

2. Bei der Anwendung von Maximaldrücken, durch welche es noch nicht zur Deformation des Gesteins kommt, beträgt der Aktionsradius der einzelnen Injektionsbohrlöcher in der Regel mehr als 2 m (manchmal 6 m), so daß ein mehrreihiger Schleier unzweckmäßig wäre, wenn die Entfernung zwischen den Reihen nicht wenigstens 3 m betragen würde. Die Projektierung einer zweiten oder dritten Reihe nur zur besseren Abdichtung feiner Klüfte ist schon deshalb sehr kostspielig, weil das Gestein durch Injizieren eines geeigneten Gemenges, (z. B. naß geriebener Zement u. a.), abgedichtet wer-

1) Eingang des Manuskripts in der Redaktion: 13.6.1962

den kann. Das Injektionsgut dringt nicht nur in die Schichtfugen und Hauptklüfte, sondern auch in alle Klüfte ein, die quer zu den Hauptklüften und Schichtfugen verlaufen. Hierdurch wird der injizierte Streifen verhältnismäßig breit (Abb. 1 u. 2).

Es ist deshalb zweckmäßig, auch für 50—70 m hohe Dämme einreihige Dichtungsschleier zu projektieren. Es ist aber notwendig, die „ökonomische Entfernung" der Bohrlöcher des ersten Arbeitsganges durch Versuche zu ermitteln. Dabei ergab sich eine Entfernung von 8—12 m. Die Aufgabe der Injektionslöcher des ersten Arbeitsganges ist die Injizierung der größeren Klüfte, wobei die Reichweite des Injektionsgutes kleiner als die Entfernung der Bohrlöcher sein soll. Falls die Entfernung zu gering wäre, so könnte es zum Ausfließen des Injektionsgemenges in die benachbarten Bohrlöcher kommen, der Injektionsdruck würde abnehmen und die Abdichtung im Bereich der Injektionsbohrung würde ungenügend sein. Erst nach der Injizierung der Bohrlöcher des ersten Arbeitsganges werden das Niederbringen und die Abdichtung der Bohrlöcher des zweiten Arbeitsganges usw. in Angriff genommen.

Man kann nicht sagen, daß zur Verhinderung der Unterläufigkeit in allen Fällen ein einreihiger Schleier genügt. Unter manchen Bedingungen wird man ohne einen mehrreihigen Schleier nicht auskommen können (z. B. bei hohen Dämmen auf stark zerklüfteten Gesteinen, wenn bei der Anlage des Schleiers ein großes Druckgefälle auftritt).

Tiefe des Dichtungsschleiers

Die Tiefe des Injektionsschleiers muß, wie bereits erwähnt, vor allem auf Grund von Versuchen (unter Berücksichtigung der geologischen Verhältnisse und der zulässigen Durchsickerung unterhalb der Staumauer) und mit Rücksicht auf die Stabilität des Staudammes gewählt werden. Soll z. B. ein Wasserrückhaltebecken eine Wassermenge abgeben, die beinahe dem Wasserzufluß gleicht, so muß in diesem Falle der Injektionsschleier vollkommen undurchlässig sein, auch wenn die Stabilität des Dammes eine weitaus größere Durchsickerung desselben zulassen würde.

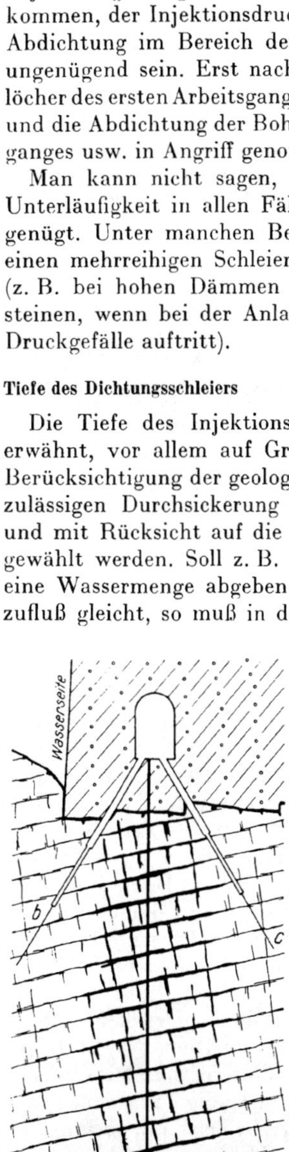

Abb. 1. Anordnung der Bohrungen im Injektionsstollen
a — Injektionsschleier; b — Bohrung zur Bestimmung des Auftriebes vor dem Injektionsschleier; c — Drainagebohrung

Der Injektionsversuch, vor allem aber die sorgfältige Verfolgung und Auswertung der Injektionsarbeiten auf der Baustelle bestimmen schließlich die Tiefe der Bohrlöcher des Injektionsschleiers. Die Erfahrungen zeigten uns, daß es in den meisten Fällen möglich ist, Bohrungen des zweiten und der nachfolgenden Arbeitsgänge mit geringeren Tiefen niederzubringen, denn die Injektionen der Bohrungen des ersten und zweiten Arbeitsganges überschneiden sich in größeren Tiefen infolge der Anwendung eines größeren Injektionsdruckes (Abb. 3). Durch Laboratoriumsversuche ermittelten wir, daß eine Erhöhung des Druckes um 50% großen Einfluß auf das Eindringen der Zementsuspension in die feinen Klüfte ausübt.

Wenn durch ein Röhrchen mit einem Durchmesser von 0,55 mm bei einem Druck von 1 at eine bestimmte Menge eines Gemisches von einer Konsistenz von 1 : 3 innerhalb einer bestimmten Zeit fließt, dann fließt bei einem Drucke von 1,5 at die gleiche Menge in der gleichen Zeit bei einer Konsistenz von 1 : 1,5.

Aus diesem Beispiel ist ersichtlich, daß bei Injektionsarbeiten der Druckhöhe der Hauptanteil bei der Ausbreitung des Injektionsgutes in den Klüften zuzuschreiben ist. Daß bei Injektionsarbeiten die unteren Abschnitte unter einem mehrfach höheren Druck injiziert wurden, bewiesen einige Beispiele. So kann man z. B. bei einer Auflast von 20 m Beton die Fundamentfuge bei einem Drucke von 4,5 at injizieren. Wenn Gesteine unter einem Druck von $2\,\gamma h$ injiziert werden (die Höhe des Injektionsdruckes wird durch den Injektionsversuch bestimmt), dann ergeben sich in der Tiefe von 10 m Drücke von 9,5 at bei $\gamma = 2{,}5\ t/m^3$, in

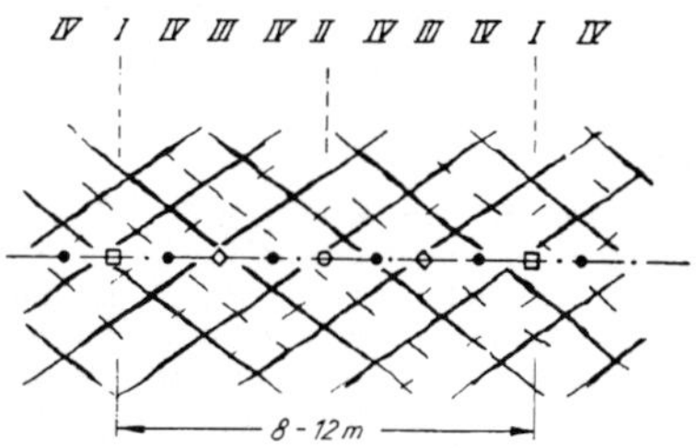

Abb. 2. Anordnung des Injektionsschleiers im Grundriß

der Tiefe von 20 m 14,5 at und in einer Tiefe von 40 m 24,5 at. Aus dem angeführten Beispiel ist zu ersehen, daß in tiefen Etagen ein bedeutend höherer Druck angewendet werden kann. Dieser ermöglicht das Eindringen des Injektionsgutes in bedeutend größere Entfernungen vom Bohrloch als bei einem geringeren Druck in den oberen Gesteinspartien oder im Bereich der Gründungsfuge.

Aus den vorgenannten Erwägungen und Beispielen folgt, daß es nicht ökonomisch wäre, alle Bohrlöcher des Injektionsschleiers mit der gleichen Tiefe zu projektieren, denn Bohrungen späterer Arbeitsgänge würden uns nur bestätigen, daß das Gestein von einer gewissen Tiefe ab undurchlässig oder nur wenig durchlässig ist. Es ist notwendig, daß der jeweilig erforderliche Injektionsdruck nur kurze Zeit wirksam ist. Er darf nicht nach und nach erhöht werden, denn es könnte der Fall eintreten, daß sich die Kluftöffnungen dadurch verstopfen.

Wirtschaftlicher sind deshalb Injektionsschleier, die so angeordnet sind, daß die tiefsten Bohrlöcher dem ersten oder zweiten Arbeitsgang angehören. Dagegen sollten Bohrungen des dritten Arbeitsganges kürzer sein und Bohrungen des vierten Arbeitsganges das Gestein nur unterhalb der Gründungsfuge zwecks Beendigung des Verdichtungsprozesses injizieren (Abb. 3). Diese Anordnung des Schleiers berücksichtigt auch,

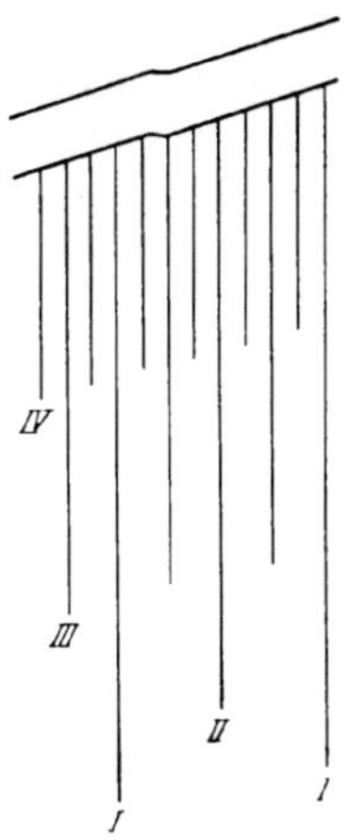

Abb. 3. Anordnung der Injektionsbohrungen des I.—IV. Arbeitsganges im Injektionsschleier. — Injektionsstollen im Längsschnitt

daß sich die wichtigste Zone in einer bestimmten Tiefe unterhalb der Gründungsfuge befindet, wo der Auftrieb wirksam sein könnte. Unter Berücksichtigung des Auftriebes unterhalb der Staumauer ist es notwendig, bis zu einer Tiefe von 20—40 m eine bessere Abdichtung zu fordern (je nach der Dammhöhe), als es in tieferen Partien nötig ist. Die angeführte Tiefe ist für jedes Gestein verschieden.

Es ist zu fordern, daß die Tiefe des Injektionsschleiers auf Grund der Ergebnisse der Injektionsversuche ermittelt werden muß und nicht aus Formeln, wie es noch in einigen Ländern gehandhabt wird. Auf einigen Talsperren in den USA wurde die Schleiertiefe nach der Formel $S = 1/3\,H + C$ projektiert, wobei H = Staudammhöhe und C = Konstante bedeuten. Die Konstante C wird mit 8—25 angegeben. Mit dieser Art der Projektierung der Schleiertiefe waren bereits LUGEON und JÄHDE nicht einverstanden. Sie vertraten die Ansicht, daß der einzige und zuverlässige Hinweis für die Schleiertiefe eine eingehende geologische Aufnahme und die Ergebnisse der Wasserdruckproben sein können. Daß diese Ansicht die richtige ist, zeigen die Ergebnisse der Arbeiten auf einer Talsperre, die im Flysch errichtet wurde. Bei einer Stauhöhe von 19 m wurde entschieden, daß im Tal eine Schleiertiefe von 30 m und an den Talhängen eine von 20—25 m ausreichend sei. Beim Füllen des Staubeckens zeigte es sich, daß die projektierte Schleiertiefe unzureichend war, denn die gemessene Durchsickerung unterhalb des Schleiers erreichte Werte bis 43 l/sec, wovon auf das rechte Ufer 35 l/sec entfallen. Durch eine nachträgliche Untersuchung und auf Grund einer Analyse der bisherigen Ergebnisse der Injektionsarbeiten wurde ermittelt, daß am rechten Talhang einige Störungszonen verlaufen und daß das Gestein bis zu einer Tiefe von mehr als 50 m wasserdurchlässig ist. Es wurde deshalb entschieden, den Schleier bis zu einer Tiefe von 50 m fortzuführen (1. Etappe, Abb. 4) und ihn 25—30 m in den Abhang einzubinden (2. Etappe). Kurz nach Beginn der Injektionsarbeiten der 1. Etappe verringerte sich das Durchsickern unterhalb der Staumauer, und zur Zeit der Beendigung der 1. Etappe sank es auf 12 l/sec. Bei Beendigung der 2. Etappe sank das Durchsickern auf dem rechten Ufer auf 4 l/sec (Abb. 4).

Es lassen sich weitere Beispiele von solchen Talsperren aufführen, bei denen früher die Tiefe des Injektionsschleiers nach der Stauhöhe ohne Rücksicht auf die geologischen Verhältnisse und ohne Rücksicht auf die Wasserdurchlässigkeit des Untergrundes projektiert wurde.

Bohrmethoden, Injizieren von oben nach unten

Injektionsarbeiten können grundsätzlich nach folgenden Methoden durchgeführt werden:

a) die Methode des Injizierens von unten nach oben (dieses Verfahren wird bei uns selten angewandt),

b) die Methode des Injizierens von oben nach unten.

Zu a) Das Injizieren von unten nach oben wird bei Injektionsarbeiten grundsätzlich verworfen, und zwar wegen einer ganzen Reihe von Nachteilen, von welchen sich der erste schon beim Niederbringen des Bohrloches äußert. In den meisten Fällen benützt man für Injektionsarbeiten maschinelle Kernbohranlagen mit direkter Spülung. Der Bohrschlamm wäscht also während des ganzen Bohrprozesses die Bohrwände, dringt in die Klüfte ein und verschlämmt diese teilweise. Wie sich

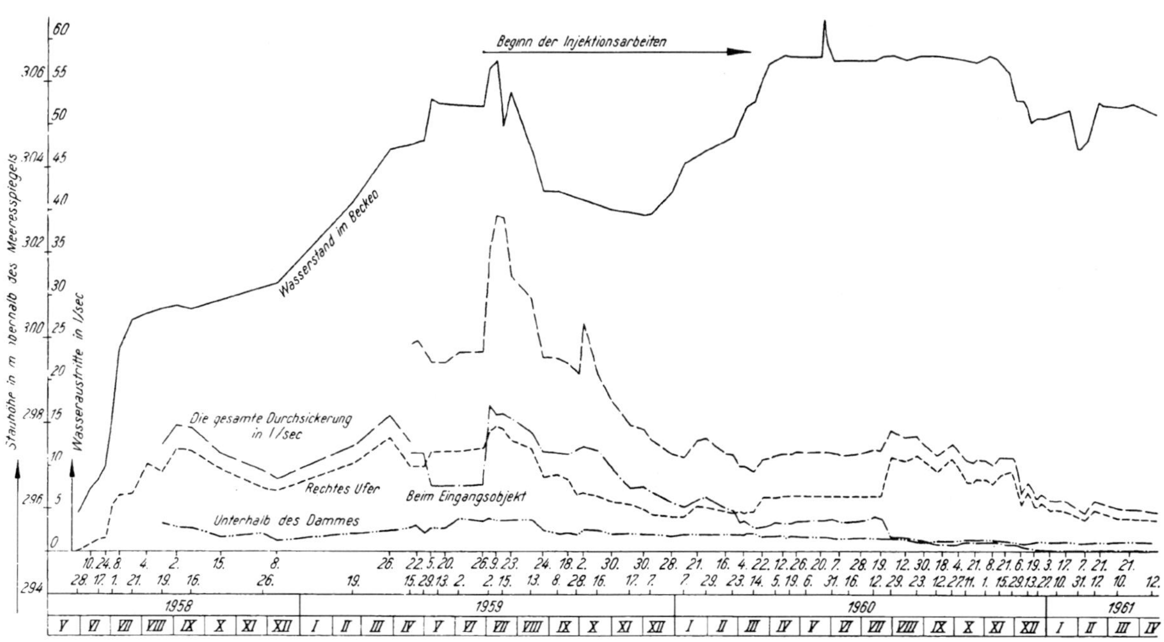

Abb. 4. Ergebnisse der gemessenen Durchsickerung auf einer Talsperre im Flysch

dieser ungünstige Einfluß beim Schlagbohrverfahren auswirkt, darüber liegen bei uns keine Erfahrungen vor. Die Verschlammung tritt auch beim abschnittweisen Bohren auf, allerdings in weitaus kleinerem Ausmaße. Der Bohrschlamm verunreinigt nur den jeweiligen Bohrabschnitt, die oberen Abschnitte sind schon injiziert. Einige auf unseren Baustellen durchgeführten Versuche zeigen, daß der Einfluß der Verschlammung nicht vernachlässigt werden darf. Wir haben festgestellt, daß der Wasserverbrauch bei Wasserdruckprüfungen beim Injizieren von unten nach oben bis auf die Hälfte sinkt.

Als weiterer Nachteil der Injektionsmethode von unten nach oben tritt häufig ein Umfließen des Packers in stärker zerklüfteten Gesteine auf. Beim Injizieren kann es in diesen Bereichen auch zu einem Einbetonieren des Packers kommen. Das Umfließen des Packers wird gewöhnlich erst dann bemerkt, wenn die Injektion schon eine gewisse Zeit gewirkt hat. Das Injektionsgut dringt nämlich unter dem Einfluß des freien Überdruckes zuerst in die oberen wasserdurchlässigeren Abschnitte ein, welche dann nur ungenügend und in einem kleinen Umkreis abgedichtet werden. Außerdem ist zu bedenken, daß in diesen oberen Abschnitten die Kluftöffnungen teilweise verstopft sind und sich nur schlecht injizieren lassen. Das Ansetzen des Packers oberhalb der zerklüfteten Zone auf Grund des festgestellten Umfließens hat einen weiteren Nachteil zur Folge. Es ist nicht mehr möglich, den höchstzulässigen Druck anzuwenden, da nur noch der Druck wirken darf, der der Tiefe des Packersitzes entspricht. Ein weiterer Nachteil dieser Injektionsmethode liegt auch darin, daß nicht erst eine Decke injiziert wird. Dies hat zur Folge, daß sich das Injektionsgut zuerst in Richtung des geringsten Widerstandes, nämlich in die Höhe, anstatt seitwärts oder abwärts verbreitet.

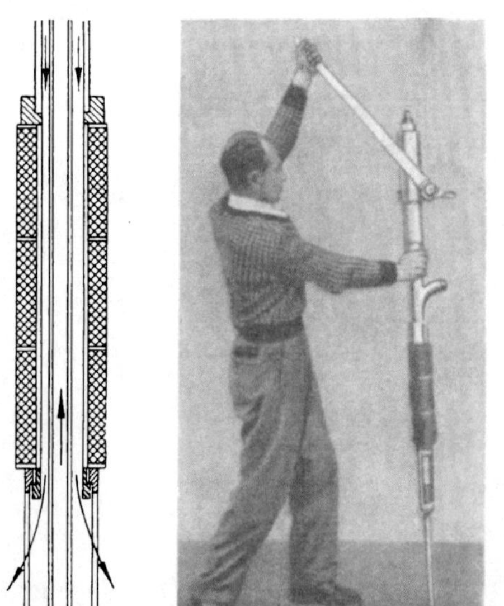

Abb. 5a u. b. Zirkulationspacker

Zu b) Die angeführten Mängel werden durch das Injizieren von oben nach unten beseitigt. Dieser Arbeitsvorgang ermöglicht die Kontrolle eines jeden injizierten Abschnittes. Wasserdruckproben in den Bohrlöchern späterer Arbeitsgänge zeigen, ob es möglich ist, die Bohrung in geringerer Tiefe, als das Projekt vorgesehen hatte, zu beenden. Störend wirkt allerdings der häufige Transport der Bohrgarnitur. Dieser Nachteil kann durch eine gute Arbeitsorganisation und durch eine entsprechende technische Ausstattung teilweise aufgehoben werden (Montage der Bohrgarnitur auf Schienen u. dgl.).

Zur Durchführung von Abdichtungsarbeiten führten wir den Zirkulationspacker ein (Abb. 5a u. b). Seine Hauptvorteile sind folgende:

1. er ermöglicht ein vollkommenes Ausspülen des Bohrloches vom Bohrschlamm;
2. er verhindert die Sedimentation von Zementkörnern im Bohrloch;
3. er ermöglicht die Verwendung eines Gemisches von verschiedener Konsistenz im abgeschlossenen Bohrabschnitt bei Beibehaltung des gleichen Druckes;
4. durch Verlängerung der mittleren Röhre bis auf die Bohrlochsohle kann der tatsächliche Druck im injizierten Abschnitt ermittelt werden (es werden Druckverluste, welche durch die Strömungswiderstände hervorgerufen werden, ausgeschaltet).

Beim Injizieren müssen jedoch folgende Grundsätze eingehalten werden:

1. Die Injektionsarbeiten dürfen nicht unterbrochen werden; bei sehr hohem Verbrauch muß das Injektionsgemisch einen größeren Anteil an Feststoffen erhalten, eventuell auch durch Zusatz von Sand.

2. Die Anfangskonsistenz des Gemisches darf nicht dichter als 1 : 10 bis 1 : 8 sein. Das Gemisch wird allmählich je nach Bedarf konzentrierter, und zwar bis auf 1 : 0,5, eventuell auch durch einen Zusatz von Sand.

Die Bestimmung der Anfangskonsistenz nach den relativen Wasserverlusten bei Wasserdruckproben betrachten wir als nicht richtig, denn diese kann durch eine Anzahl von ungleich geöffneten Klüften verursacht werden.

3. Es ist erforderlich, den vorgeschriebenen Maximaldruck möglichst rasch zu erreichen, um die Injektion bei konstantem Druck durchzuführen und das Gemisch richtig zu verdichten.

4. Feine Klüfte sollen mit Zement injiziert werden, der im nassen Zustand gemahlen wurde.

5. Vor der Injektion eines jeden Abschnittes sollen wenigstens zweimal Wasserdruckproben durchgeführt werden. Hierdurch wird die Wasserdurchlässigkeit des Gesteins festgestellt, und die Klüfte werden gleichzeitig teilweise ausgespült.

6. Es ist die Dichte des Injektionsgutes zu kontrollieren und festzustellen, ob es sich nicht wegen des Einsickerns des Wassers in die Klüfte automatisch verdichtet. Dies ist durch das Arbeiten mit dem Zirkulationspacker möglich.

Injektionsdruck

Es ist erforderlich, das Gestein unter Anwendung des höchstmöglichen Druckes zu injizieren, bei welchem es aber noch zu keiner dauernden Deformation kommt. Die Höhe dieses Druckes wird in γh-Werten bestimmt. Dabei ist $P = \gamma_1 h_1 + k\gamma_2 h_2$, wobei $\gamma_1 h_1$ den Druck, hervorgerufen durch das Hangende (Deckgebirge, Konstruktionen), darstellt, k einen Koeffizienten des Widerstandes gegen Hebung und $\gamma_2 h_2$ den Druck bedeutet, welchen das Gewicht des geprüften Gesteins von der Oberfläche des Felsuntergrundes bis zum Packer ausübt. Der unbekannte Koeffizient k muß durch Versuche auf der Baustelle ermittelt werden.

Es ist nicht möglich, die Druckhöhe auf Grund der Gesteinsart und des petrographischen Charakters zu bestimmen. Die Erfahrungen zeigen zwar, daß es möglich ist, bei Eruptivgesteinen höhere Drücke als bei Sedimentgesteinen anzuwenden. Als weiterer entscheidender Faktor ist auch das Einfallen der Klüfte oder

der Schichtflächen zu berücksichtigen. Von diesem Standpunkt aus betrachtet können die Gesteine des Felsuntergrundes in folgende Gruppen eingeteilt werden:

1. Felsgesteine wie Eruptivgesteine, einige kristalline Schiefer und Sedimentgesteine (Granit, Diorit, Syenit, Porphyr, Orthogneis, Granulit, Amphibolit), soweit sie ein verhältnismäßig regelmäßiges Kluftnetz aufweisen. Von Sedimentgesteinen können zu dieser Gruppe einige Quarzite, Grauwacken und feste Sandsteine gehören.
2. Gesteine mit dichtem und regelmäßigem Kluftnetz und Schichtfugen, die bis zu einem gewissen Grade plastisch sind, wie Tonschiefer, einige Phyllite u. a.
3. Dicht zerklüftete Gesteine, bei denen es sich um kein regelmäßiges Kluftsystem handelt (Dolomitgesteine, tektonisch zerrüttete Zonen u. a.).
4. Gesteine mit Flyschcharakter, kavernöse Kalksteine und Dolomite. Kavernen in festen Gesteinen, welche durch Drehung und Verschiebung einzelner Schollen entstanden sind oder durch den Frost geöffnet wurden. Hohlräume, die bei Bergbauarbeiten entstanden sind, u. a.

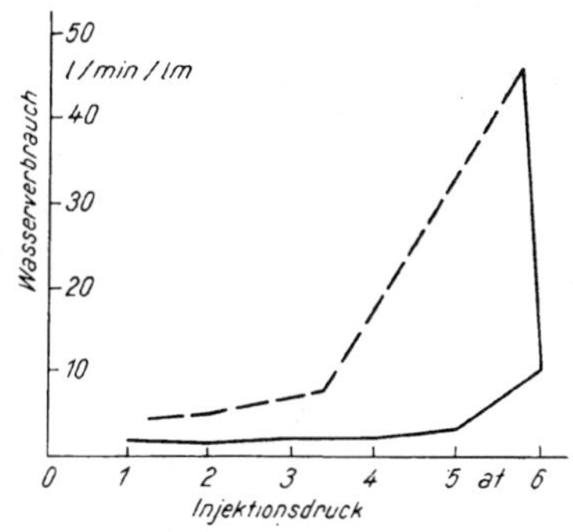

Abb. 6. Die Erhöhung des Wasserverbrauches bei Überschreiten des Widerstandes des Gesteins gegen Hebung

Jede Gruppe weist bei Injektionsarbeiten einen unterschiedlichen Charakter auf, und es können die bei einer Gruppe ermittelten Erkenntnisse nicht bei einer anderen Gruppe verwendet werden. Bei Wasserdruckproben zeigen sogar Gesteine der gleichen petrographischen Beschaffenheit unterschiedliche Ergebnisse. Eine große Rolle spielen hier das Einfallen und die Orientierung der Hauptklüfte oder der Schichtfugen. Mit Rücksicht auf die Lagerungsverhältnisse wären zu unterscheiden:

1. waagerechte oder mäßig einfallende Schichten bis zu einer Neigung von 20—30°;
2. 30—60° einfallende und
3. vertikal oder steil einfallende Schichten mit einer Neigung von 60—90°.

Bei Versuchsarbeiten haben wir festgestellt, daß die Wasserdurchlässigkeit in Gesteinen mit mittel oder steil einfallenden Klüften geringer ist als in Gesteinen mit horizontalen Klüften.

Die mitgeteilten Erkenntnisse ermöglichen uns, die Höhe des Prüfdruckes annähernd zu bestimmen. So sollte man in mäßig einfallenden Schiefergesteinen nicht mit einem höheren Druck als γh injizieren, wogegen man in Granitgesteinen mit steilen Klüften einen Druck von $4\gamma h$ bis $6\gamma h$ anwenden könnte. Mit Rücksicht auf die ökonomische Durchführung der Injektionsarbeiten ist es jedoch erforderlich, den Wert des Koeffizienten k durch Deformationsmessungen genau zu ermitteln.

Nachfolgend einige Beispiele, wie man dies durchführen kann.

Bei Wasserdruckproben erhöhen wir den Druck allmählich um je 0,5 at und versuchen den Wert γh zu erreichen, ohne daß eine plötzliche Vergrößerung des Wasserverbrauches bei einer Drucksenkung eintritt (eine jede Druckstufe muß wenigstens 10 min dauern, da es gewöhnlich zwischen der dritten und fünften Minute zu Gesteinsdeformationen kommt). Die vom Druck abhängigen Werte der Wasserdurchlässigkeitsprüfung müssen während der Untersuchungen graphisch dargestellt werden (Abb. 6). Es ist zweckmäßig, diese Druckversuche in der zweiten oder dritten Etage (Stufe) durchzuführen, so daß durch die Injizierung der obersten Etage bereits eine feste wasserundurchlässige Decke gebildet wird. Aus dem höchsten Druck, bei welchem es noch zu keinem plötzlichen Ansteigen des Wasserverbrauchs kam, berechnen wir mit Hilfe der Gleichung

$$k = \frac{P - \gamma_1 h_1}{\gamma_2 h_2}$$

den Koeffizienten des Widerstandes gegen die Hebung k.

Die auf diese Weise ermittelten Werte des Koeffizienten k haben nur einen informatorischen Charakter. Diese Untersuchungen können nur in Gesteinen durchgeführt werden, in denen es nicht zu einer allmählichen Deformation kommen kann.

Genauer läßt sich der Wert des Koeffizienten k durch Messungen von einem Tiefenfestpunkt aus ermitteln, indem man den Wert der Vertikaldeformation direkt mißt. Vorteilhaft kann dieses Verfahren dort angewendet werden, wo Injektionsversuche durchgeführt werden und die Bohrlöcher 4—5 m voneinander entfernt sind. Es wurden aber auch schon Deformationen bei Bohrlöchern ermittelt, die einen Abstand von 8 m hatten. Es wurde wie nachstehend beschrieben vorgegangen.

Im ersten Bohrloch wurde der Orientierungswert des Koeffizienten k nach dem früher beschriebenen Verfahren ermittelt. Bei Gesteinen, bei denen dies undurchführbar ist, wie bei Schiefern, schätzten wir den Druckwert nach dem Gesteinscharakter. Es empfiehlt sich, hier den Druck etwas geringer anzusetzen, damit es zu keiner Störung des Gesteins kommt. Nach Überprüfung des ersten Bohrlochs wurde in ihm ein Tiefenfestpunkt angebracht, an dem mit der Meßuhr ein Deformationswert mit einer Genauigkeit von 0,001 mm gemessen werden konnte. Falls das Gestein mit einem höheren Druck geprüft wird, als der Grenzwert der Deformation beträgt, so tritt eine Deformation des Felsuntergrundes ein, welche sich durch Hebung der oberen Gesteinspartien äußert. Der Betrag der Hebung kann auf der Mahrmeßuhr abgelesen werden.

Es ist notwendig zu überprüfen, ob bei gleichen Gesteinsarten Deformationen durch verschieden große Drücke verursacht werden können. Wichtige Faktoren sind hierbei der Verlauf, das Einfallen und die Größe der Klüfte.

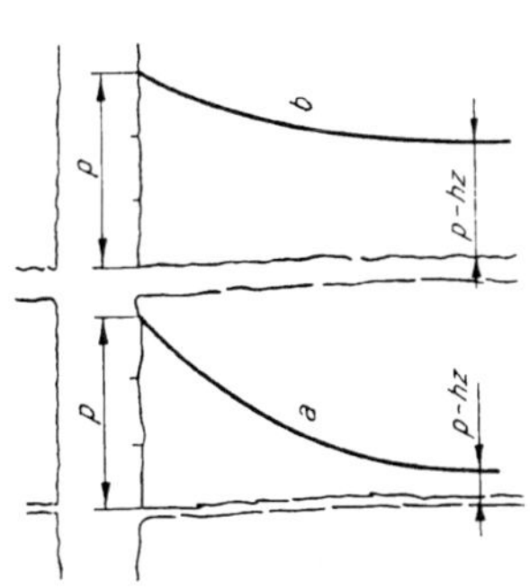

Abb. 7. Abnahme des Injektionsdruckes in Klüften durch Vergrößerung des Strömungswiderstandes

a — geschlossene Kluft; b — offene Kluft; p — Injektionsdruck; hz — Druckverluste, verursacht durch Strömungen

In weit geöffneten Klüften wird sich das eingepreßte Wasser sicher rascher verbreiten, und der Druck wird in einer kürzeren Zeit auf eine größere Fläche einwirken als bei feineren Klüften; ungeachtet dessen, daß der

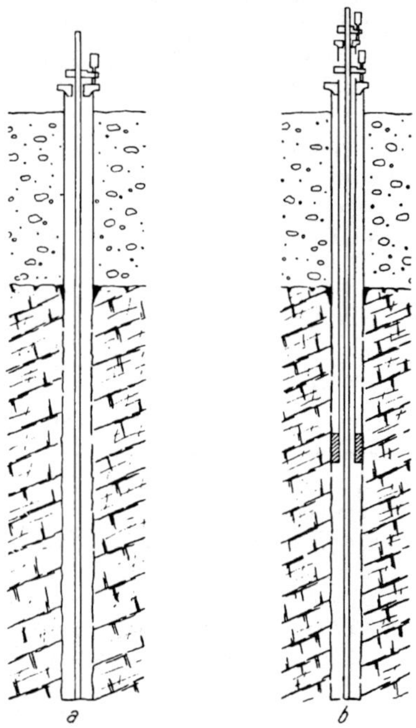

Abb. 8. Höhenfestpunkte
a — einfacher; b — zweifacher

Druckhöhenverlust bei feineren Klüften größer sein wird (Abb. 7). Das bedeutet, daß es in der gleichen Tiefe bei dem gleichen Gestein, aber bei verschieden weit geöffneten Klüften zu Deformationen bei unterschiedlichen Drücken kommt. Es ist deshalb notwendig, bei Versuchsinjektionen mehrere Messungen durchzuführen und den Koeffizienten k nach den niedrigsten Werten zu bestimmen. Die Deformation muß noch innerhalb der Elastizitätsgrenzen der Gesteine bleiben. Aus diesem Grunde unterbrechen wir den Druck, falls die Deformation 0,1 mm überschreiten sollte.

Bei Druckproben muß man sehr vorsichtig vorgehen, da es in einigen Fällen, z. B. in Flyschgesteinen, zu Deformationen bei einem geringeren Druck als γh kommen kann. Diese Erscheinung wird meistenteils dadurch verursacht, daß das Wasser durch Vertikalklüfte in die oberen Schichten eindringt und diese dann hebt. In diesen Fällen ist es notwendig, am Bohrloch zwei Höhenfestpunkte anzubringen, einen in einer Tiefe von ca. 15 m und den zweiten auf der Sohle des Bohrloches (Abb. 8).

Beispiele für Deformationen

Flyschsandsteine mit schwachen Schieferlagen; Abfallen der Schichtflächen 10°; steilgeklüftet. Ausschlaggebend ist das Einfallen der Schichtflächen. Die Mächtigkeit der Deckenschichten beträgt 2 m.

Bei der Wasserdruckprobe im Arbeitsabschnitt von 9,40 bis 12,00 m (Abb. 9) kam es bei einem Druck von 3,5 at (1,6 γh) zu einer Deformation, welche von den Höhenfestpunkten gemessen wurde, die sich in einer Entfernung von 3 m links und rechts des geprüften Bohrloches befanden. Während der Prüfung, die 12 Minuten dauerte, wuchs der Wasserverbrauch bis auf das Vierfache, und mit ihm vergrößerte sich proportional auch die vertikale Deformation des Gesteins, und zwar links vom Bohrloch J7 um 0,046 mm und rechts vom Bohrloch J7a um 0,019 mm. Daß diese Deformation von einem abnorm hohen Druck verursacht wurde, ist daraus ersichtlich, daß die Deformation augenblicklich zurückging und das Gestein in seine ursprüngliche Lage zurückkehrte, als die Druckentlastung bis auf Null at eintrat. Anfangs ging dies schnell vonstatten, nach 10 Minuten verlief es langsamer, und nach 50 Minuten hatte das Gestein die ursprüngliche Lage wieder eingenommen. Die Tatsache, daß die Gesteinsdeformation links vom geprüften Bohrloch größer war, wird einem kleineren Gewicht der Deckschicht zugeschrieben (die Bohrlöcher befanden sich auf einem mäßig geneigten Abhang) und weiterhin dem Umstand, daß das Bohrloch als erstes injiziert wurde und der Erfolg der Injektion nicht so gut war wie beim rechten Bohrloch.

Eine interessante Erscheinung trat im Abschnitt des Bohrloches bei 12,00—14,00 m auf (Abb. 10). Bei einem Druck von 5 at (1,8 γh) beobachtete man verschiedene Deformationen. Auf einem talwärts befindlichen Punkt wurden Hebungen festgestellt, wogegen am zweiten Punkte, rechts vom Bohrloch, Absenkungen eintraten. Dies erklärt sich dadurch, daß das Druckwasser zuerst am linken Punkte wirkte, so daß es aus diesem Grunde zu einer positiven Deformation kam. In der Umgebung des zweiten Höhenpunktes war das Gestein beinahe wasserdicht, so daß hier auf Grund der großen Strömungswiderstände eine rasche Druckabnahme eintrat. Die unterschiedlichen Deformationen können dadurch erklärt werden, daß eine Drehung des ganzen Gesteinsblocks gegen den Hang erfolgte.

Die Neigung der Injektionsbohrungen

Es ist technisch schwierig, eine Bohrung lotrecht oder unter einem festgesetzten Neigungswinkel niederzubringen. Die maximale Abweichung von der festgesetzten Neigung darf aber den zulässigen Grenzwert nicht überschreiten.

Wenn der Zusammenhang des Injektionsschleiers durch Abweichen der Injektionshöhe gestört ist, so müssen nachträglich weitere Bohrlöcher niedergebracht und injiziert werden. Deshalb müssen die Ursachen, welche zur Verkrümmung der Bohrlöcher führen, er-

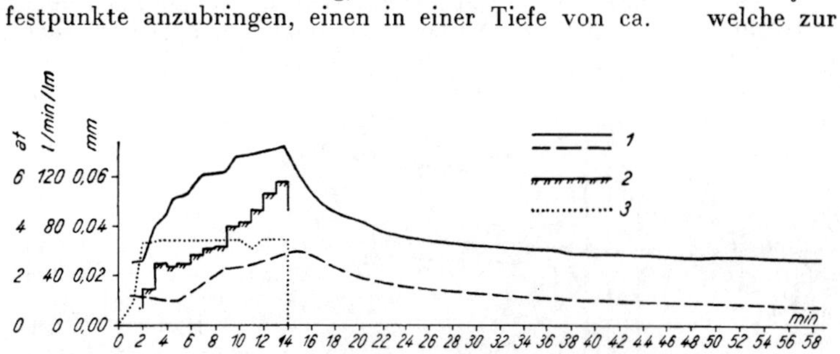

Abb. 9. Deformation bei Wasserdruckprobe im Arbeitsabschnitt von 9,40—12,00 m
1 — gemessene Erhöhung in mm; 2 — Wasserverlust; 3 — Druckverlauf

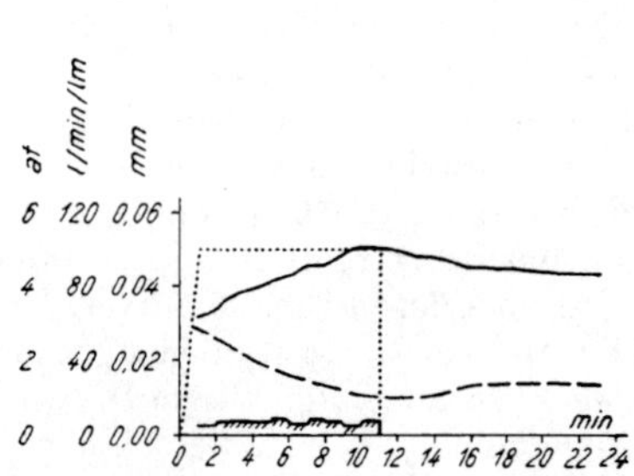

Abb. 10. Deformation bei Wasserdruckprobe im Arbeitsabschnitt von 12,00—14,00 m

kannt und Vorkehrungen getroffen werden, damit die Abweichungen in der zulässigen Grenze bleiben. Unerwünschte Abweichungen gibt es infolge des schlechten technischen Zustandes der Bohrgarnitur, durch ihre ungenaue Aufstellung in die Vertikallage, durch Verwendung von gekrümmten Bohrstangen, durch zu kurze Kernbohrer (bei Bohrungen im Injektionsstollen sind ihre Längen begrenzt), bei Kernbohrungen durch zu großen Druck auf die Krone, durch die Wahl eines unangemessen großen Durchmessers beim Durchbohren der Deckschichten oder des Dammkörpers und endlich durch geologische Verhältnisse, bei denen die Bohrlöcher steilgelagerte Schichten von verschiedener Härte durchdringen u. a. m. Durch sorgfältige Bohrungen kann bei Einhaltung eines richtigen technologischen Vorganges bei den Bohrarbeiten eine nachträgliche Niederbringung von Injektionsbohrungen vermieden werden.

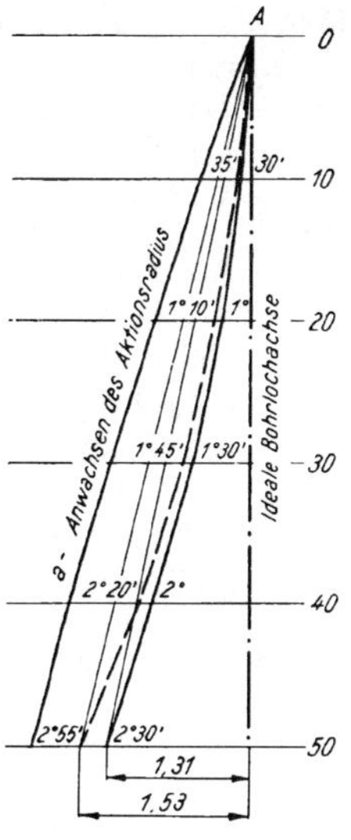

Abb. 11. Zulässige Abweichungen

Da die genaue Einhaltung der verlangten Bohrrichtung technisch schwierig ist, sind bei der Durchführung der Bohrungen für Wasserbauten kleine Abweichungen zulässig. Die Toleranz ergibt sich aus folgenden Voraussetzungen:

a) der Aktionsradius der Abdichtung wächst mit der Bohrtiefe;
b) die technischen Möglichkeiten für die Einhaltung des festgesetzten Neigungswinkels des Bohrloches;
c) die Abweichung des Bohrloches wächst progressiv mit der Tiefe;
d) die Bohrarbeiten werden mittels Rotations- oder Schlagbohrgarnituren durchgeführt;
e) die geologischen Verhältnisse auf der gegebenen Lokalität.

Das Anwachsen des Wirkungsbereichs der Injektion mit der Tiefe ermitteln wir auf Grund von Injektionsproben im Rahmen der Vorbereitungsarbeiten für das Projekt und präzisieren diese Werte gleich zu Beginn des Injektionsbetriebes. Die zulässige Abweichung des Bohrloches darf die Kurve, welche den Abdichtungsbereich des Gesteins in den einzelnen Tiefenlagen angibt, nicht überschreiten (Abb. 11, Kurve a).

Mit Rücksicht darauf, daß die Krümmung des Bohrloches größtenteils mit der Tiefe zunimmt, beziehen wir die zulässigen Abweichungen auf die einzelnen Tiefenhorizonte. Um große Abweichungen in größeren Tiefen auszuschalten, müssen wir in der Oberflächenzone die größte Genauigkeit erzielen. Hieraus folgt ein strengerer Maßstab für zulässige Abweichungen in den oberen Bereichen der Bohrung und ein milderer Maßstab in größeren Tiefen. Als Grenzwert für das Anwachsen der Winkelabweichungen betrachten wir 30′ bis 35′ für je 10 m Bohrtiefe (Abb. 11). Dieser Grenzwert entspricht den technischen Möglichkeiten für Bohrungen. Es ist allerdings notwendig, die technologischen Grundregeln für Bohrungen einzuhalten. Im Interesse einer glaubwürdigen Auswertung der Bohrlochabweichungen ist es notwendig, Abschnitte von 5 bis 10 m für die einzelnen Meßintervalle zu wählen. Größere als zulässige Abweichungen kann man nur dann zulassen, wenn die Bohrlöcher in der gleichen Richtung abweichen und wenn diese Abweichungen regelmäßig anwachsen (Abb. 12), denn in diesem Falle vergrößern sich die Entfernungen der Bohrlochachsen voneinander in der größten Tiefe nicht zu sehr. Dann kann man auch Abweichungen über 5° ohne schädliche Einwirkung auf die Schleierdichte zulassen.

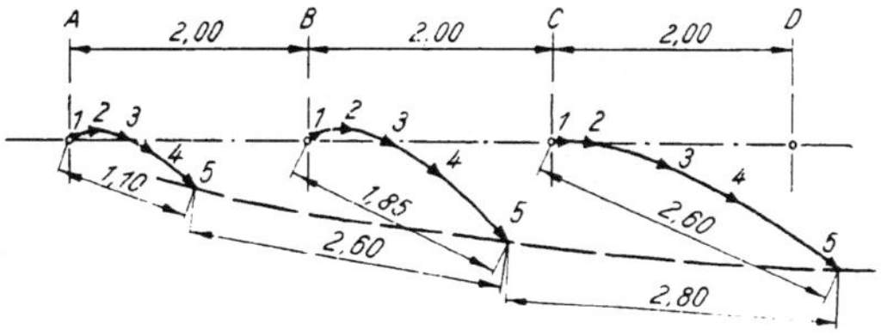

Abb. 12. Verlauf der Abweichungen im Grundriß

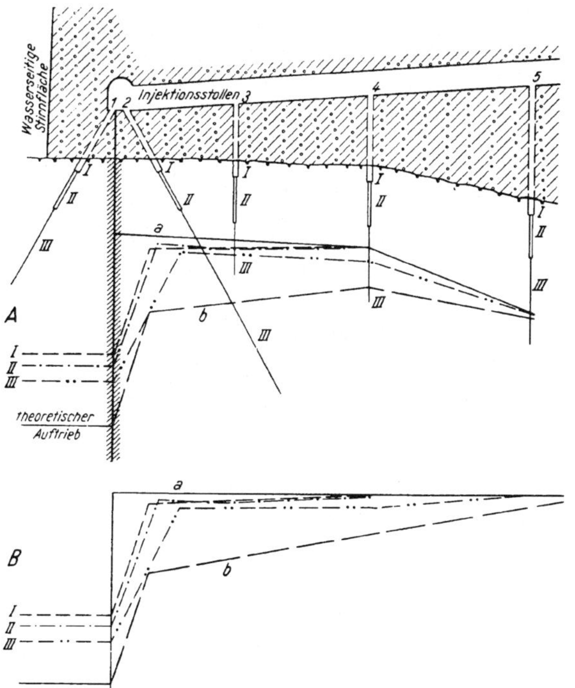

Abb. 13. Ergebnisse der Auftriebsmessungen hinter und vor dem Injektionsschleier

A – Verlauf des Auftriebes im Querschnitt der Talsperre, B – Differenz zwischen dem Auftrieb vom Unter- zum Oberwasser, a – theoretischer Auftrieb auf die Gründungsfuge durch das Unterwasser, b – theoretischer Auftrieb auf die Gründungsfuge durch das Oberwasser nach der Annahme im Projekt, I, II, III – Ergebnisse der Auftriebsmessungen in den einzelnen Etagen der Beobachtungsbohrungen

Für eine ökonomische Durchführung des Injektionsschleiers ist es notwendig, eine richtige Arbeitstechnologie zu verlangen, damit die Abweichungen von der festgesetzten Richtung so klein wie möglich bleiben. Der Neigungswinkel der Injektionsbohrungen muß systematisch gemessen werden, und es müssen die auf diese Weise ermittelten „schwachen" Stellen im Injektionsschleier beseitigt werden.

Kontrolle des Injektionsschleiers

Die Qualität des Injektionsschleiers muß schon in der ersten Phase beim Füllen des Staubeckens kontrolliert werden, und zwar durch Auftriebsbohrungen. Durch Messungen des Auftriebs muß man sich überzeugen, ob es notwendig ist, die Bohrlöcher des Injektionsschleiers an einigen Stellen zu verdichten. Man muß sich jedoch vergegenwärtigen, daß wir richtige Auftriebswerte nur auf Grund richtig angebrachter Einrichtungen erzielen können. Es wäre z. B. sicherlich nicht richtig, auf der Wasserseite des Injektionsschleiers ein Bohrloch auf eine bestimmte Tiefe niederzubringen, hier eine mit einem Manometer versehene Röhre einzubetonieren und den Auftrieb zu messen. Man muß sich vor Augen halten, daß das Gestein im Verlaufe der Bohrung nicht gleichmäßig wasserdurchlässig sein wird und daß die Auftriebe in verschiedenen Tiefen unterhalb der Gründungsfuge verschieden sein werden. Falls wir den Auftrieb nur in der einbetonierten Röhre messen, so kommt es zu einer Kommunikation des Auftriebwassers von einem Niveau in das andere, und die gemessenen Werte zeigen irgendeinen Durchschnitt an.

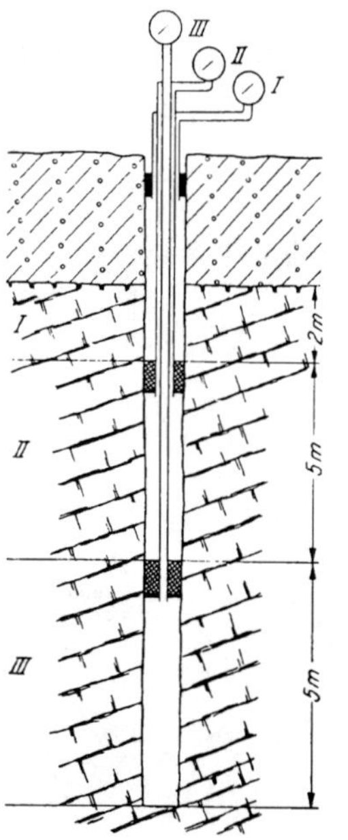

Abb. 14. Anordnung einer Bohrung zur Messung des Auftriebes in einzelnen Etagen

Zwecks Erlangung richtiger Ergebnisse empfehlen wir beispielsweise Auftriebsmessungen in drei Etagen, und zwar in den Tiefen von 0,00—2,00 m unterhalb der Gründungssohle, von 2,00—7,00 m und von 7,00 bis 12,00 m zu messen. Die Auftriebsbohrlöcher sind vor und hinter dem Injektionsschleier anzubringen und gegebenenfalls auch in Quergängen (Abb. 13). Eine Auftriebsbohrgarnitur für Messungen in drei Etagen ist in Abb. 14 dargestellt.

Es ist ebenso wichtig, den Auftrieb auf der Wasserseite des Schleiers zu messen. Wenn der Injektionsschleier vollkommen dicht wäre, so müßte man auf der Wasserseite beinahe den vollen Auftrieb ablesen können. Falls der Schleier teilweise wasserdurchlässig ist, wird der Auftrieb auf der Wasserseite etwas niedriger sein als der Auftrieb, der dem Wasserspiegel des gestauten Wassers im Staubecken entspricht.

Die Auswertung der Messungen ist aus Abb. 13 ersichtlich, in der Auftriebe verzeichnet sind, die in verschiedenen Tiefenlagen gemessen wurden.

Daß der Injektionsschleier seine Aufgabe erfüllt, beweisen die Auftriebswerte auf der Talseite. Wie aus Abb. 13 ersichtlich, nähern sich die gemessenen Werte dem Auftrieb des unteren Wasserspiegels.

Wenn es sich um Dämme mit einer kleinen Stauhöhe bis 20 m handelt, genügt die Messung der Auftriebe in zwei Etagen. Hier ist es nicht zweckmäßig, Auftriebsbohrlöcher tiefer als 5 bis 6 m unterhalb der Gründungsfuge niederzubringen.

Zusammenfassung

Es werden Erfahrungen über ingenieurgeologische Untersuchungsarbeiten bei Talsperren, insbesondere bei der Anlage und Untersuchung von Dichtungsschleiern, mitgeteilt, die bei Arbeiten an Talsperren in der ČSSR gewonnen wurden. Es werden Hinweise über die Anlage des Dichtungsschleiers (einreihig oder mehrreihig) und für seine Tiefe gegeben. Die Tiefe des Dichtungsschleiers wird auf Grund von Untersuchungsarbeiten festgelegt und nicht nach in manchen Ländern gebräuchlichen Formeln.

Es wird empfohlen, die Bohrlöcher entsprechend dem Bohrfortschritt in Abschnitten von oben nach unten zu injizieren. Der Injektionsdruck wird auf Grund von Geländeversuchen ermittelt und festgelegt. Weiterhin werden Aussagen über die zulässige Abweichung von Injektionsbohrungen gemacht. Eine Kontrolle der Dichtigkeit des Injektionsschleiers ist mittels sogenannter Auftriebsbohrlöcher möglich.

Резюме

Сообщается опыт инженерно-геологических исследовательских работ у плотин, в частности у заложения и исследования завес уплотнения, полученный при работах у плотин в ЧССР. Даются указания на заложение завесы уплотнения (однорядно или многорядно) и на ее глубину. Глубина завесы уплотнения определяется на основе исследовательских работ, она не устанавливается по принятым в некоторых странах формулам.

Рекомендуется инъецировать в скважины, в зависимости от проходки бурения, в интервалах сверху вниз. Инъекционное давление определяется и устанавливается на основе полевых испытаний. Дальше приводятся данные о допустимых отклонениях инъекционных скважин. Контроль уплотненности инъекционной завесы возможен при помощи так наз. импульсных скважин.

Summary

The author informs about experiences made in Czechoslovakia during engineering-geological exploration works of dams, particularly about the construction and investigation of grouting curtains, and advises on their construction (single or multiple row) and depth. The depth of the grouting curtain is fixed on the basis of exploration works and not on formulas, as is usual in some countries.

A sectional grouting of the boreholes in a downward direction is recommended in conformity with the progress made in drilling. The grouting pressure is determined and fixed on the basis of ground tests. Furthermore, statements are made about the permissible variation of grouting drillings. A control of the density of the grouting curtain is possible by means of so-called lift boreholes.

Literatur

Jähde, H.: Injektionen zur Verbesserung von Baugrund und Bauwerk. — VEB Verlag Technik, Berlin 1953.
Lugeon: Staumauern und Geologie. —

Neue Erfahrungen und Erkenntnisse bei der maschinellen Herstellung von Anschliffen[1]

HEINZ CLAUSNITZER, Berlin

Als Verf. 1957 einen ersten Bericht über die maschinelle Herstellung von Anschliffen mit der Schleifmaschine „NEOSUPAN FR-Y" mit Schleifkopf nach VANDERWILT—CLAUSNITZER gab, bedeutete die Verwendung einer solchen Maschine einen erheblichen Fortschritt gegenüber der alten Schleifmethode, gleichgültig, ob es sich dabei um die Anfertigung der Schliffe von Hand oder mit den damals bereits bekannten Maschinen handelte.

Die vorangeschrittene Wissenschaft verlangte bald darauf nach qualitätsmäßig noch besseren Schliffen. Es mußte versucht werden, die obengenannte Maschine weiter zu verbessern, so daß sie den erhöhten Ansprüchen gerecht werden konnte.

Im folgenden wird ein Überblick über die an der serienmäßig vom „VEB Rathenower Optische Werke" hergestellten Schleifmaschine „NEOSUPAN FR-Y" getroffenen Veränderungen gegeben, die zur Verbesserung der Schliffqualität beitragen. Sie sind sowohl konstruktiver als auch methodischer Art.

Die konstruktiven Veränderungen bestanden im wesentlichen

1. im Einbau einer Wasserkühlung,
2. in der Verwendung neuer Schliffhalter,
3. in der Herabsetzung der Drehzahlen,
4. in der Anwendung eines Keilriemenantriebs,
5. in der Abdichtung der Maschine gegen Staubeinwirkung und
6. im Einbau einer Beleuchtungseinrichtung.

1. Einbau einer Wasserkühlung (siehe Abb. 1)

Die Erwärmung der Schleifscheiben war bei der alten Maschine sehr groß. Besonders ungünstig wirkte sie sich beim Schleifen mit Schleifmitteln feiner Korngrößen aus. Das führte zu starker Erwärmung der Schliffe und Einbettmittel und ergab eine schlechte Schliffqualität.

Um diesen Umstand zu beseitigen, wurde bei der Umkonstruktion der Maschine eine Wasserkühlung für die Schleifscheiben eingebaut. Dabei wird das Wasser durch die Schleifscheibenachse in eine Hohlscheibe geleitet. Das Wasser fließt durch Bohrungen ab, die sich an der Unterseite der Hohlscheibe befinden, und wird von der Schleifscheibenwanne aufgefangen und abgeleitet. Beim Arbeiten werden die Schleifscheiben auf die Hohlscheibe aufgelegt, so daß eine Kühlung derselben gewährleistet ist. Eine Erwärmung der Schleifscheiben, selbst bei langer Schleifdauer, tritt nicht ein.

2. Verwendung neuer Schliffhalter (siehe Abb. 2)

In den neuen Schliffhaltern ist ein Getriebe untergebracht, das eine zusätzliche Bewegung der Schliffe um ihre eigene Achse ermöglicht. Die beiden bereits vorhandenen Bewegungen — Drehung der Spindel und Drehung der Schliffhalter — wurden beibehalten.

[1]) Eingang des Manuskripts in der Redaktion: 15. 2. 1963

Durch das Zusammenwirken der drei Bewegungen wird der beim bisherigen Modell auftretende Fehler des ungleichmäßigen Ausschleifens der Schliffe beseitigt. Ebenso ist durch die dritte Bewegung der Schliffe für jeden Punkt derselben ein größerer Schleifweg entstanden, wodurch ein intensiveres Ausschleifen gewährleistet ist.

3. Herabsetzung der Drehzahlen

Die Drehzahlen der alten Maschine waren zwischen 80 bis 170 U/min und 250 bis 550 U/min an der Schleifscheibe stufenlos regelbar. Die Schleifspindeln hatten eine Drehzahl von 100 und 200 U/min. Beim Arbeiten mit den neuen Schleifscheiben, die später noch beschrieben werden, zeigte es sich, daß die vorhandenen Drehzahlen zu hoch lagen. Aus diesem Grund wurde die Drehzahl der Schleifscheibe auf 60 U/min festgelegt und die der Schliffhalter auf 21 U/min. Da die dritte Bewegung von der Drehzahl der Schliffhalterspindel abhängt und zu dieser 2:1 übersetzt ist, bewegen sich die Schliffe mit 42 U/min um ihre Achse. Ein Verändern der Drehzahlen ist auch beim Polieren nicht erforderlich. Die Drehzahlen wurden durch Versuche ermittelt, wobei die angegebenen Werte die am günstigsten anzusehen sind.

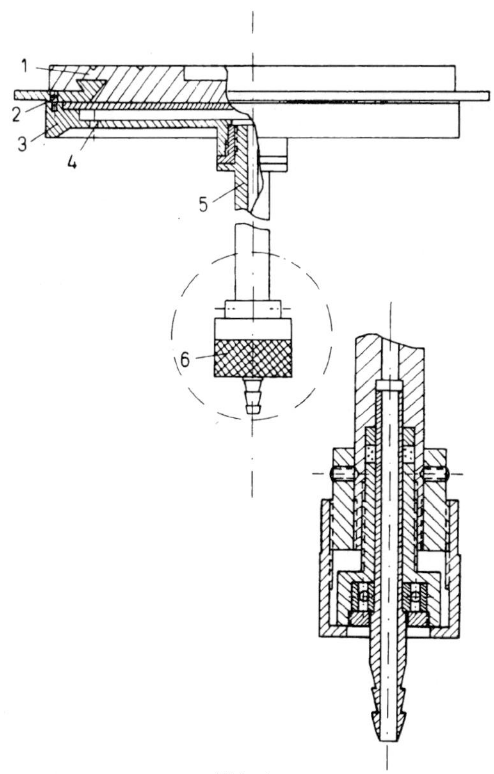

Abb. 1

1 — Blei-Antimon-Scheibe mit eingegossenem Alu-Ring; 2 — Mitnehmerstifte, 4 Stück auf dem Umfang gegeneinander versetzt; 3 — Hohlscheibe zur Kühlung der Schleifscheibe; 4 — Abflußlöcher für das Kühlwasser, 6 Stück auf dem Umfang angeordnet; 5 — Schleifscheibenachse (aufgebohrt für Wasserzufluß); 6 — Schlauchanschlußstück

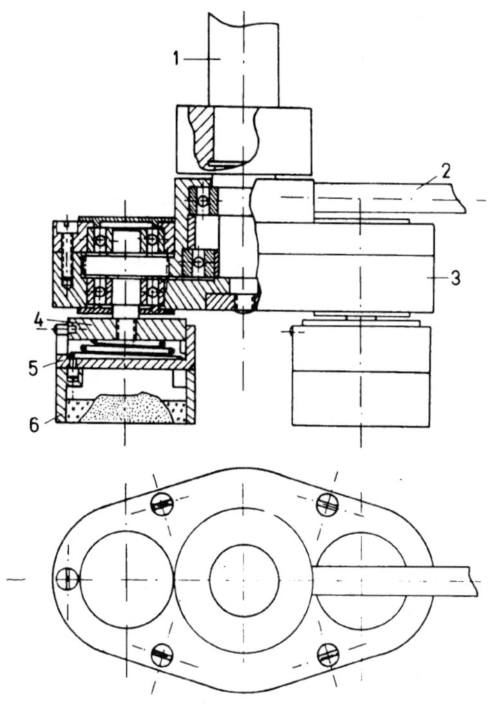

Abb. 2

1 — Schleifspindelachse, 2 — Stift, er dient zum Festhalten des mittleren Zahnrades im Planetengetriebe, wodurch ein Abwälzen der Zahnräder an der Mitnehmerscheibe möglich ist, das eine Bewegung der Schliffe um die Schliffachse zur Folge hat, 3 — Schliffhaltergehäuse mit kugelgelagertem Planetengetriebe, 4 — Mitnehmerscheibe mit versetzt angeordneten Bolzen, 5 — Schliffringaufnahme, die durch Feder geringe Höhenunterschiede der Anschliffe ausgleichen kann und gleichzeitig den Schliff stets plan an der Schleifscheibe anliegen läßt, 6 — Anschliffring mit in Epoxydharz EGK 19 eingegossenem Anschliff

4. Antrieb der Maschine durch einen Keilriemenantrieb

Der Antrieb der früheren Ausführung der Maschine geschah durch ein stufenloses Getriebe, das durch Kegelwalzengetriebe und einen Flachriemen dargestellt wurde.

Besonders bei längerem Gebrauch der Maschine kam es vor, daß der Flachriemen rutschte und die Maschine nicht mehr durchzog.

Das Kegelwalzengetriebe wurde gegen zwei Riemenscheiben ausgewechselt, auf denen drei Keilriemen nebeneinanderlaufen. Eine kugelgelagerte Spannrolle sorgt dafür, daß die Keilriemen nachgespannt werden können.

Durch den Keilriementrieb ist auch auf lange Zeit eine einwandfreie Kraftübertragung gewährleistet.

5. Abdichtung der Maschine gegen Staubeinwirkung

Beim Arbeiten mit feinsten Schleifmitteln muß dafür Sorge getragen werden, daß die Maschine staubfrei abgedichtet ist, da eindringender Staub den Schleifprozeß vor allem beim Polieren beeinflußt und die Qualität der Schliffe beeinträchtigt. Aus diesem Grunde wurde zwischen Schleifkopf und Schleifwanne eine durchsichtige Vinidurverkleidung angebracht. Der Schutzmantel kann entsprechend weit geöffnet werden und behindert das Auflegen der Schleifscheiben und das Wechseln der Schliffe nicht. In der Abb. 3 ist diese Verkleidung sichtbar.

6. Einbau einer Beleuchtungseinrichtung

Die Schleifscheiben werden beim neuen Modell direkt von der Maschine aus durch sechs Niederspannungsglühlampen (6 V) beleuchtet. Die Beleuchtungseinrichtung, die sich an der Unterseite des Schleifkopfes über der Schleifscheibe befindet, ist vor allem beim Auftragen des Schleifmittels angenehm und gestattet ein gutes Beobachten der Schleifscheiben beim Schleifen. Die Glühlampen werden durch einen eingebauten Transformator gespeist.

Bei der konstruktiven Veränderung wurde auf einfache Konstruktion aller Teile großer Wert gelegt und vor allem die Möglichkeit geschaffen, daß der Umbau der Maschine ohne Schwierigkeiten und ohne große Veränderungen an der vom VEB ROW serienmäßig hergestellten Maschine vorgenommen werden kann.

Zu den maschinellen Veränderungen kommen noch einige Neuerungen in der Schleifmethode:

1. Zum Schleifen und Polieren werden Scheiben einer Blei–Antimon-Legierung verwendet.

2. Die Abstufung in den Korngrößen der Schleifmittel ist feiner geworden. Da für jede Schleifmittelsorte auch eine besondere Scheibe genommen werden muß, ist die Anzahl der Schleifscheiben größer geworden. Bisher wurde mit einer Kupfer- und einer Bleischeibe und beim Polieren mit einer Lindenholzscheibe gearbeitet. Nach der Umkonstruktion finden fünf Scheiben aus einer Blei–Antimon-Legierung Verwendung. Das Legierungsverhältnis für beide Elemente beträgt 10:1.

Die Schleifscheiben sollen für nachfolgende Korngrößen der Schleifmittel verwendet werden:

Scheibe 1	für Schleifmittel der Korngröße ca.	40 μ
Scheibe 2	,, ,, ,, ,,	10—8 μ
Scheibe 3	,, ,, ,, ,,	6—4 μ
Scheibe 4	,, ,, ,, ,,	2—0 μ
Scheibe 5	zum Polieren mit Feinstschleifmittel L–E	

Es wäre wünschenswert, wenn unsere Industrie baldigst Schleifmittel geringerer Korngröße herstellen könnte, vor allem die der Korngrößen 4—6 und 0—2 μ.

Ein weiteres wichtiges Problem ist die Zufuhr des Schmiermittels bzw. seine richtige Anwendung. Zu empfehlen sind für die

Schleifmittel	Schmiermittel
Korngröße 40 μ Korngröße 10—8 μ	Petroleum
Korngröße 6—4 μ Korngröße 2—0 μ Feinstschleifmittel L–E	Paraffinöl „Reinst“

Das Auftragen der Schleif- und Schmiermittel auf die Scheibe kann nach zwei Arten erfolgen:

1. Schleif- und Schmiermittel werden zu einer Paste verrührt, die sehr zäh sein muß (ähnlich wie die handelsübliche Putzpomade).

2. Es werden einige Tropfen Schmiermittel auf die Schleifscheibe gegeben. Mit einem sauberen Läppchen wird danach das Schleifmittel aufgetragen.

Im Institut für Mineralogie und Lagerstättenlehre der Bergakademie Freiberg wird schon seit Jahren die zweite Methode mit Erfolg angewendet.

Beim Auftragen des Schleifmittels ist zu beachten, daß nur seine sparsamste Anwendung von Nutzen ist. Ganz besonders bei den feinen Schleifmitteln ist diesem Umstand Augenmerk zu schenken. Als Hinweis zur Kontrolle des richtigen Auftragens kann gesagt werden, daß man beim Berühren der Schleifscheibe mit dem Finger, wenn sich diese in Bewegung befindet, nur eine leichte Dunkelfärbung feststellen darf. Beim Arbeiten mit den gröberen Schleifmitteln, z. B. 40 μ, kann mehr Schleifmittel verwendet werden. Allerdings darf auch hier keinesfalls so viel aufgetragen werden, daß das verwendete Schleifmittel von der Schleifscheibe geschleudert wird.

Beim Auftragen von zu großen Mengen Schleifmittel kann die für das Schleifen geforderte Bedingung, einen spanabhebenden Schleifvorgang zu erreichen, nicht erfüllt werden. Das Schleifkorn soll sich in die Schleifscheiben eindrücken. Befindet sich zu viel Schleifmittel auf der Scheibe, ist es unmöglich, daß alles in den Scheiben gebunden wird. Die dann noch zwischen Schliff und Schleifscheibe befindlichen Körner bewirken eine rollende Reibung und zerstören die Schliffoberfläche.

Eine exakte Mengenangabe läßt sich allerdings nicht machen. Jedoch kann als Vergleichswert das Volumen der Glaskuppe einer Stecknadel genannt werden. Diese Schleifmittelmenge (Korngröße 4—6 und 0—2 μ) reicht für ungefähr 30 Minuten Schleifzeit bei gleichzeitiger Bearbeitung von 8 Schliffen vollkommen aus. Die Schmiermittelzufuhr muß so geregelt werden, daß die Schleifscheibe nur einen feinen Ölfilm aufweist. Zu viel Schmiermittel beeinträchtigt die Schliffqualität, da dann die Schleifmittelkörner auf der Schleifscheibe schwimmen und ebenfalls wieder eine rollende Reibung bewirken. Zu viel Schmiermittel trägt zur Bildung von Relief bei. Aus diesem Grund trägt man es am besten mit einer Pipette auf; es genügen 2—3 Tropfen für die gleichzeitige Bearbeitung von 8 Schliffen bei einer Schleifzeit von 30 Minuten.

Wie aus der vorangegangenen Aufstellung ersichtlich war, wird das Polieren ebenfalls mit einer metallischen Scheibe durchgeführt. Die bisher verwendete Lindenholzscheibe hatte den Nachteil, daß die Flächen zwischen

Abb. 3. Zeigt die Maschine mit geschlossenem Staubschutz

Abb. 4. Schliffhalter und Schleifscheibe der Maschine in Arbeitsstellung

den Jahresringen nach längerem Gebrauch stark aufrauhten und auf den Schliff wie eine Bürste wirkten. Dadurch wurden die weicheren Stellen im Schliff stärker abpoliert, wodurch es zu einer Reliefbildung kam.

Bei der Verwendung von metallischen Scheiben ist das Entstehen von Unebenheiten nicht möglich. Hat sich das Poliermittel in die Scheibe eingedrückt, werden alle Stellen des Schliffs gleichmäßig bearbeitet.

Ein wichtiger Faktor für die Herstellung von Schliffen guter Qualität ist die Frage der Schleifzeiten. Durch den Gebrauch der feinen Schleifmittel, die eine starke Schicht des Schleifscherbens abtragen sollen, entstehen hohe Schleifzeiten.

Man muß sich bei der maschinellen Herstellung der Schliffe darüber im klaren sein, ob man viel oder gute Schliffe herstellen will. Ist das letztere der Fall, dann wird man eine längere Schleifzeit hinnehmen müssen. Dieser Umstand tritt aber nicht nur bei der hier beschriebenen Schleifmaschine auf, sondern ist überall gleich. Herr REHWALD, Stollberg (Rheinland), teilte dem Verf. mit, daß auch bei der von ihm entwickelten Anschliffmaschine sehr hohe Schleifzeiten die Regel sind. Für einen Durchgang (also fünf Scheiben) sei es keine Seltenheit, daß 24 Std. und länger benötigt werden. Die gleiche Feststellung mußten auch wir machen.

Man soll allerdings nun nicht so verfahren, alle Schliffe eine sehr lange Zeit zu bearbeiten. Hier ist erst die Frage nach dem Verwendungszweck zu stellen. Es genügt oft schon eine bedeutend geringere Zeit, um einen guten Durchschnittsschliff zu erhalten.

Um zu einer großen Stückleistung zu kommen, sollten mehrere Maschinen gleichzeitig laufen. Da die Maschinen fast ohne Aufsicht arbeiten, ist es ohne weiteres möglich, daß eine Schleiferin drei Maschinen bedient. Nebenbei hat diese Schleiferin noch genügend Zeit, Nebenarbeiten (Schliffe vorbereiten und Eingießen) durchzuführen. Diese Arbeits- und Maschineneinteilung wurde schon vor Jahren in der Bergakademie in Freiberg mit Erfolg durchgeführt.

Auch bei dem neuen Maschinentyp werden zur Herstellung von Anschliffen die Preßstoffringe des VEB Rathenower Optische Werke verwendet. Als Füllstoff zum Eingießen ist der Brücken- oder Kronenzement nicht mehr im Gebrauch. Dieses Material ist heute vollständig von dem Epoxydharz „Epilox EGK 19" verdrängt. Herstellerbetrieb für das Kunstharz ist der VEB Leuna-Werke „Walter Ulbricht". Epoxydharz ist äußerst günstig zum Eingießen der Anschliffe verwendbar. Sein Vorteil besteht vor allem darin, daß es ein Kalthärter ist, fast nicht schwindet und sich sehr gut polieren und schleifen läßt.

Für die gute Organisierung der Schleifarbeiten ist es von Vorteil, das Eingießen der Anschliffe gegen Dienstschluß vorzunehmen, damit das Austrocknen in die Nachtstunden fällt. Empfehlenswert ist, die eingegossenen Schliffe in einen Trockenschrank zu legen und den Trockenprozeß bei Temperaturen zwischen 40—50°C zu beschleunigen. Diese Trockentemperatur ist für das Kunstharz nicht nachteilig.

Eine gute Vorbereitung der Schliffe ist für den Schleifprozeß von großer Bedeutung. Da bei der maschinellen Anschliffherstellung mit einem verhältnismäßig feinen Schleifmittel begonnen wird, ist es erforderlich, daß der zu schleifende Splitter bereits eine gute ebene Fläche aufweist. Dabei ist die Verwendung einer Gesteinstrennmaschine vorteilhaft und spart viel Arbeitszeit.

Die in diesem Bericht beschriebene Umkonstruktion der Schleifmaschine „NEOSUPAN FR-Y" wurde im Institut für Mineralogie und Lagerstättenlehre der Bergakademie Freiberg in den letzten Jahren durchgeführt. Umfangreiche Versuchsarbeiten und Einsatz von drei umgebauten Maschinen seit über drei Jahren in der dort befindlichen Schleiferei haben gezeigt, daß der eingeschlagene Weg der richtige gewesen ist. Dies zeigt auch die Tatsache, daß sich andere Institutionen ihre Maschinen in der beschriebenen Art umbauen ließen und eine Steigerung der Schliffqualität erreichten.

Die durchgeführten Veränderungen an der Anschliffmaschine wurden vom Herstellerwerk übernommen. Die dort entstehende neue Maschine, die in Zusammenarbeit mit dem Institut für Angewandte Kunst, Berlin, entwickelt wurde, ist aus der Arbeit und den Erkenntnissen des obengenannten Instituts entstanden.

Besonders möchte Verf. dem Leiter des Instituts für Mineralogie und Lagerstättenlehre der Bergakademie Freiberg, Herrn Prof. Dr. OELSNER, danken, der für die durchgeführten Arbeiten viel Verständnis zeigte, manchen wertvollen Hinweis gegeben hat und die Arbeit sehr unterstützte. Besonderen Dank gilt an dieser Stelle aber auch den Mitarbeiterinnen der Schleiferei für die durchgeführten Versuchsarbeiten und den Mitarbeitern der Mechanischen Werkstatt des genannten Instituts der Bergakademie für den Umbau der Maschinen.

Zusammenfassung

Es wird die vom Institut für Mineralogie und Lagerstättenlehre der Bergakademie Freiberg weiterentwickelte Schleifmaschine „NEOSUPAN FR-Y" beschrieben.

An der Maschine wurden der Antrieb und die Drehzahl verändert, eine Wasserkühlung für die Schleifscheiben eingebaut, eine Maschinenbeleuchtung angebracht und die Maschine mit einem Staubschutz versehen. Die Schliffe können durch eine zusätzliche Bewegung intensiver bearbeitet werden. Bei richtiger Bearbeitung sind sie daher ohne Relief. Durch die Weiterentwicklung wird eine Steigerung der Schliffqualität erreicht.

Резюме

Описывается шлифовальная машина типа „НЕО-СУПАН ФР-И", усовершенствованная в институте минералогии и учения о полезных ископаемых при Фрайбергской горной академии.

У машины были изменены привод и число оборотов, было вставлено устройство для водяного охлаждения шлифовальных дисков; машина была снабжена освещением и защитой от пыли. В связи с добавочным движением шлифы могут быть интенсивно обработаны. При правильной обработке они, поэтому, без рельефа. Этим усовершествованием достигается повышение качества шлифов.

Summary

Experiences made by the Institute for Mineralogy and Geology of Mineral Deposits of Freiberg School of Mining with the improved „NEOSUPAN FR-Y" grinder are described.

Improvements include a modification of the drive and speed, mounting of a water cooling for the grinding wheels, as well as a lighting installation and dust screen. An additional movement permits a more intensive treatment of the ground sections. When correctly treated, these are therefore without relief and assure an increase of quality.

Literatur

CLAUSNITZER, H.: Über die maschinelle Herstellung von Anschliffen mit der Schleifmaschine „NEOSUPAN" mit Schleifkopf nach VANDERWILT—CLAUSNITZER. — Bergakad., 2, 77—80 (1957).

Elektronische Rechenautomaten in der Geologie[1)]

Die Möglichkeiten zur Steigerung der Arbeitsproduktivität mittels Automatisierung sind nicht auf das Gebiet der materiellen Produktion beschränkt, sondern auch in Forschung und Verwaltung gegeben und durch den Einsatz von Rechenautomaten realisierbar.

Wie bei der Automatisierung in der Produktion besteht auch hier das Ziel in einer Verringerung des für die Lösung einer Aufgabe notwendigen Arbeitsaufwands.

Bei der technischen Automatisierung wird es durch Abkürzung der Zeiten für den Transport des Arbeitsgegenstandes von einer Verarbeitungsstufe zur nächsten und Beschleunigung der Verarbeitung selbst erreicht: Fließproduktion und automatisch gesteuerte Werkzeugmaschinen.

Die Automatisierung in der Forschung und Verwaltung ist auf die Verkürzung der Verarbeitungsoperation von „Informationen" gerichtet.

1) Eingang des Manuskripts in der Redaktion: 24. 1. 1963

Unter dem Begriff Information ist hier die Mitteilung eines Sachverhaltes (z. B. Bohrlochkoordinaten, Mächtigkeits- und Gehaltsangaben für Vorratsberechnungen oder Artikel-Nr., Preis- und Mengenangaben für die Ersatzteilwirtschaft eines Betriebes, Unterlagen für die betriebliche Kostenrechnung) zu verstehen.

Im Bergbau der DDR sind Rechenautomaten bereits mehrfach für die Durchführung von Vorratsberechnungen und für die Berechnung von Polygonzügen und Koordinaten,

z. B. VEB Schwarze Pumpe,
VEB Erdöl und Erdgas,

eingesetzt worden.

Aus der Literatur sind bemerkenswerte Beispiele dafür bekannt, daß Rechenautomaten im Zusammenhang mit Vorratsberechnungen für die Lösung solcher Aufgaben verwendet wurden, die mit herkömmlichen Rechenmethoden infolge des Zeitaufwands wirtschaftlich nicht durchführbar gewesen wären.

Vergleich von Vorratsberechnungen nach verschiedenen Methoden mit den Abbauergebnissen

HUWLETT (1961a) berichtet über einen Vergleich von Vorratsberechnungen nach der

Polygonmethode,
Dreieckmethode und
statistischen Methode

für eine Kupferlagerstätte (Tagebau), wobei rd. 8000 Analysenwerte aus 250 Bohrungen verwendet wurden.

Die Ergebnisse der Berechnungsvarianten wurden miteinander und mit den Abbauergebnissen verglichen. Dabei zeigte sich, daß kein Verfahren bei der Mengenberechnung und Gehaltsbestimmung für Abraum, Armerz, Gesamttonnage eindeutig überlegen ist.

Die beste Übereinstimmung ergab sich bei der Mengenberechnung mit der Polygonalmethode für Abraum, Erz und Gesamtlagerstättenvolumen. Hinsichtlich des Armerzes ergab die Dreiecksmethode das beste Ergebnis.

Für die Gehaltsbestimmung wurde das beste Ergebnis mit der statistischen Methode erzielt. Der Verf. kommt zu der Schlußfolgerung, daß alle Berechnungsmethoden nebeneinander durchgeführt werden, die Ergebnisse verglichen und bei der Erzvorratsberechnung ausgewertet werden sollten.

Ein derartiger Umfang an Rechenarbeiten ist nur durch den Einsatz von Rechenautomaten zu bewältigen. Die Kosten für eine solche Berechnung nach allen drei Methoden werden je nach Umfang der Daten zwischen 200 und 3000 Dollar angegeben.

Ausblocken und Blockauswahl für den Abbau

In einer polymetallischen Ganglagerstätte wurden 50000 Proben zur Feststellung der Metallverteilung (Au, Ag, Pb, Cu, Zn) ausgewertet (KOCH & LINK 1960).

Die 4500 Proben eines mittelgroßen Ganges von 800 m streichender Länge und 400 m flacher Höhe (2 m Probenabstand in Gangstrecken, Überhauen und Abbau) können in 10 Minuten ausgewertet werden für Meterprozente aus Gangmächtigkeit und Gehalte für alle Metalle, mittlere Gehalte Ag—Zn-Verhältnis und Pb—Zn-Verhältnis.

Zur Darstellung der Metallverteilung werden die Karten eines Ganges maschinell in Gruppen sortiert, die innerhalb eines Netzes von 20 m Seitenlänge liegen, und zur Ermittlung der Durchschnittsgehalte ausgewertet.

Wenn die Mindestlänge einer vererzten Zone einer bestimmten Zahl von Proben entsprechen muß, damit sie als abbauwürdig gelten kann, werden die Analysendaten nach den Koordinaten sortiert und die aufeinanderfolgenden Angaben der Proben, welche den geforderten Durchschnittsgehalten entsprechen, zusammengefaßt; für die ausgeblockten Partien werden Erzmenge unter Berücksichtigung der von der Haufwerkszusammensetzung abhängigen Dichte, Metallinhalt, Verdünnung (Berücksichtigung der Mindestabbaubreite) angegeben.

Erdölgewinnung

Aus der westdeutschen Erdölindustrie wird berichtet (LETTNER, Deutsche Erdöl-A.G. auf der Jahrestagung der Deutschen Gesellschaft für Mineralölwissenschaft und Kohlechemie), daß die Automation der Erdöl- und Erdgasförderung bei den Pumpenförderungen verwirklicht ist, während eine Programmsteuerung bei unter Druck austretendem Gut verwendet wird. Die technischen Schwierigkeiten liegen dabei nicht in der Kompliziertheit der zu steuernden Prozesse als vielmehr in den veränderlichen physikalischen und chemischen Eigenschaften der Stoffe, den häufig wechselnden Fördersituationen und der Verstreutheit der Betriebspunkte.

In der Erdölindustrie der Vereinigten Staaten sind gegenwärtig 100 elektronische Rechenmaschinen für die Erkundungs- und Förderprobleme eingesetzt. Besonders die Maschinen für die Auswertung seismischer Messungen und der Bohrlochmessungen werden mehr und mehr benutzt, da das Untersuchungsmaterial sonst nicht mehr zu bewältigen ist. Versuche, die Bohrlochmessungen direkt auf Magnetband aufzunehmen, führt man ebenfalls durch. Die augenblicklich verwendeten automatischen Rechenverfahren arbeiten mit Lochkarten.

Lineare Programmierung

Für komplexe Probleme sind Rechenautomaten besonders geeignet, da die herkömmlichen Rechenmaschinen für umfangreiche Rechenaufgaben zu langsam sind, z. B. Vorratsberechnungen mit mehreren Varianten der Rohstoffgehalte und damit veränderlichen Roherzmengen: Die Berechnung erfolgt nach der Methode des linearen Programmierens, bei der eine optimale Lösung unter vielen möglichen Lösungen gesucht wird.

Für die Zwecke der Lagerstättenbewertung ermöglicht diese Methode die Lösung von Aufgaben, die sich auf das Mischen und Verschneiden von Rohstoffen beziehen. Sie gewährleistet die beste Rohstoff-(Lagerstätten-)Ausnutzung, da der Einsatz der Materialien auf dem Papier geprüft werden kann und u. U. die Verwendung von Material zuläßt, das ohne eine rechnerische Überprüfung verworfen und nicht in die Vorratsberechnung einbezogen worden wäre.

Betriebliche Verfahrensforschung

Ein weiteres und wichtiges Anwendungsgebiet der linearen Programmierung stellt die betriebliche Verfahrensforschung dar, die darauf gerichtet ist, aus einer Reihe von Möglichkeiten zur Lösung betrieblicher Aufgaben die zweckmäßigste zu finden.

Aus der Literatur sind Beispiele bekannt, von denen die nachstehend aufgeführten in abgewandelter Form auch für den Bereich der geologischen Erkundung von Interesse sein dürften.

Ersatzteilwirtschaft. Im englischen Steinkohlenbergbau ermöglichte die durchgeführte Analyse des Bedarfs und die Umstellung der Buchführung eine wesentliche Beschränkung der vorzuhaltenden Materialien, Senkung der Verteilungskosten und eine bessere Bedarfsdeckung der Verbraucher.

Abstände von Strecken, Sohlen und Schächten in bergbaulichen Gewinnungsbetrieben.

Fahrpläne in Gruben und Tagebauen.

Lösung von Vermessungsaufgaben

Mit Hilfe von elektronischen Rechnern lassen sich Vermessungsaufgaben, wie Berechnung von geschlossenen Polygonzügen, Polygonzügen, die zwischen zwei bekannten Punkten enden, offenen Polygonzügen im engeren Sinne und von Koordinaten und Höhenwerten von Bohrlöchern, schneller und genauer durchführen als mit den bisherigen Methoden.

Es wird berichtet (HUWLETT 1961b), daß die Berechnungskosten für die Bohrlocheinmessung auf 36% des bei normalen Methoden notwendigen Aufwandes gesenkt werden konnten, bei Polygonzügen auf 14%. Zur Illustration der Arbeitsgeschwindigkeit wird mitgeteilt, daß die Rechenmaschine in einer Minute Berechnungen durchführt, die normalerweise 240 Mannstunden benötigen würden. Es ist bei der ökonomischen Einschätzung noch zu berücksichtigen, daß das technische Personal für mehr konstruktive Arbeiten frei wird.

Fehlerrechnung

Elektronische Rechner ermöglichen die Durchführung von Fehlerrechnungen, wie z. B. Einfluß von Analysenfehlern, Vermessungsfehlern, verschiedenen Probenintervallen, in einem Umfang, der aus Zeit- und Bearbeitungsmangel bei herkömmlicher Rechenarbeit nicht möglich ist.

Literatur

HEWLETT, R. F.: Calculating ore reserves using a digital computer. — Mining eng., S. 37—42, Jan. 1961.
— Calculating ore reserves using a digital computer. — Mining eng., S. 179—181, Febr. 1961.
KOCH, G. S. jr. & R. F. LINK: Data processing by machineasset at the mine site. — Mining eng., S. 1005—1007, Sept. 1960.

E. LEWIEN

Probleme klüftiger Speichergesteine

Von der 2. Allunionskonferenz in Grosny

H. SCHNEIDER, z. Z. Moskau

Erkundung, Erschließung und Abbau von Erdöllagerstätten in klüftigen Speichergesteinen werden schon in vielen Gebieten der Sowjetunion durchgeführt, so in Tschetscheno-Inguschatien (Gebiet um Grosny), Dagestan, Baschkirien, in der Westukraine, in Sibirien.

Viele wissenschaftliche Forschungsinstitute der Erdölindustrie in der Sowjetunion (z. B. WNII, WNIGRI, Gros NII) beschäftigen sich mit Problemen klüftiger Speichergesteine. Trotz gewisser Erfolge kam es wegen des Fehlens effektiver Methoden zur Lösung bestimmter Fragen bisher oft zu verschiedenen, ja gegenteiligen Schlußfolgerungen. Es gibt noch keine einheitliche Terminologie für die Parameter, die klüftige Speichergesteine charakterisieren; es existiert noch keine allgemeine Richtlinie für die Erkundung von Kluftlagerstätten und für deren Abbauprojektierung.

Die 2. Allunionskonferenz über Probleme klüftiger Speichergesteine tagte in der Zeit vom 23. bis 27. Oktober 1962 in Grosny. An ihr nahmen 591 Mitarbeiter wissenschaftlicher Forschungsinstitute, Lehrinstitute, Erkundungs- und Förderbetriebe teil.

Am Eröffnungstag wurden u. a. Vorträge von Prof. E. M. SMECHOW (WNIGRI, Leningrad) und A. M. NETSCHAI (WNII-Geophysika, Labor Grosny) gehalten. Prof. SMECHOW sprach über den gegenwärtigen Stand der Forschungsarbeiten, besonders im Institut WNIGRI, auf dem Gebiete der klüftigen Speichergesteine. Er hob hervor, daß die bis jetzt getroffenen Feststellungen noch zu wenig in der Praxis angewandt werden.

A. M. NETSCHAI sprach über die quantitative Einschätzung der sekundären Porosität klüftiger Speicher für Erdöl und Erdgas. U. a. führte er aus, daß eine komplexe Methode zur Einschätzung der sekundären und allgemeinen Porosität klüftiger Gesteine erarbeitet wurde. Sie besteht in der Gegenüberstellung der spezifischen oder relativen Widerstände klüftiger Gesteine mit den Angaben der Neutronen-Gamma-Messungen. Die praktische Anwendung dieser Methode besteht in der Durchführung eines Komplexes geophysikalischer Messungen in Bohrungen (BKS, Kalibermessung, Gammamessung, Neutronen-Gamma-Messung) und einer sich anschließenden graphischen Auswertung der Abhängigkeit der Angaben von $n\gamma$ vom Logarithmus der spezifischen oder relativen Widerstände.

Die Konferenz teilte sich dann in drei Sektionen (1. Felderkundung, 2. Erdölbetriebsgeologie und Bohrlochmeßtechnik, 3. Bohrtechnik, Abbau von Lagerstätten, theoretische und Laborforschungen).

86 Vorträge und 60 Diskussionsbeiträge wurden in diesen Sektionen gehalten. Hervorzuheben sind drei Vorträge: F. I. KOTJACHOW (WNII, Moskau), W. N. MAIDEBOR (Forschungsinstitut Grosny) und R. S. KOPISTJANSKIJ (Institut für Geologie und Brennstoffe der Ukrainischen Akademie der Wissenschaften, Lwów).

F. I. KOTJACHOW sprach über die quantitative Bestimmung physikalischer Parameter klüftiger Speichergesteine (z. B. Klüftigkeitskoeffizient, Koeffizient der Permeabilität) anhand von Ergebnissen hydrodynamischer Untersuchungen und der Photographie von Bohrlöchern. Er unterstrich in seinen Ausführungen, daß nur eine komplexe Auswertung aller in der Industrie gewonnenen Angaben (geologischen, hydrodynamischen, geophysikalischen u. a.) eine annähernd genaue Lösung ermöglicht. Im Anfangsstadium des Abbaus einer Lagerstätte sind vor allem die hydrodynamischen und geophysikalischen Untersuchungen einschließlich der Photographie von besonderer Bedeutung.

W. N. MAIDEBOR sprach zur Frage der theoretischen Grundlage einer Abbauprojektierung von Erdöllagern, die an klüftige Speicher gebunden sind. Er sagte u. a., daß man auf Grund einer Analyse der Indikatorkurven von Fördersonden zu der vorläufigen Schlußfolgerung kommen kann, daß die Krümmung der Kurve nicht nur durch eine, sondern durch mehrere Ursachen bedingt ist, wobei die Hauptursache wahrscheinlich in der Verengung (oder Erweiterung) der Klüfte liegt.

R. S. KOPISTJANSKIJ meinte, daß die Labormethoden (optische, physikalische) zur Untersuchung der Klüftigkeit von Gesteinsproben, die aus Bohrungen gewonnen werden, nicht die Möglichkeit geben, qualitativ Klüfte entlang einem Bohrprofil zu charakterisieren, geschweige denn über eine ganze Struktur hinweg. Das wurde auch von anderen Vortragenden betont. R. S. KOPISTJANSKIJ führte weiterhin aus, daß Beobachtungen in Schächten und anderen Bergbauanlagen sowie Laboruntersuchungen an Modellen beweisen, daß in der Tiefe nicht nur Mikroklüfte vorhanden sein können, sondern auch Makroklüfte. Es existiere eine komplizierte Abhängigkeit zwischen Gebirgsdruck, Temperatur und Flüssigkeitsdruck einerseits und dem Charakter der Kluftöffnung andererseits.

Während der die Konferenz abschließenden Plenartagung wurden Richtlinien für die weitere Arbeit auf dem Gebiete der klüftigen Speichergesteine festgelegt. Es wurde u. a. beschlossen, die Gesamtarbeit in Grosny zu konzentrieren, in der kommenden Zeit eine Klüftigkeitskarte der Sowjetunion anzufertigen, die Kernentnahme zu erhöhen (es wurde empfohlen, auf jeder Struktur 3 bis 4 Bohrungen mit vollem Kern bei minimalem Verlust zu teufen). Erkundungskriterien für Kluftlagerstätten und theoretische Grundlagen sind für die Abbauprojektierung zu erarbeiten. Weiterhin müssen die wissenschaftlichen Forschungsarbeiten auf dem Gebiete der Bohrlochmessung verstärkt werden. Auch sollen in kürzester Zeit Tiefenmanometer für Drücke bis zu 600 at und Tiefenthermometer bis zu 200 °C konstruiert und hergestellt werden. Bei der Erfüllung dieser Aufgaben kommt dem Koordinationsrat für Probleme klüftiger Speichergesteine eine große Rolle zu. Es wurde empfohlen, daß dieser Rat auch eine einheitliche Terminologie erarbeitet.

Zur Aufgabenstellung der Ingenieurgeologie[1]

Diskussionsabschluß zum gleichnamigen Aufsatz von J. KLENGEL in Bd. 8 (1962) dieser Zeitschrift

Die aufgeworfenen Fragen haben zu vielen mündlichen und schriftlichen Stellungnahmen geführt, die recht interessante und wesentliche Diskussionsbeiträge erbrachten. Es liegen 14 schriftliche mehr oder weniger umfangreiche Beiträge von Fachkollegen aus den verschiedensten Berufszweigen (ZK der SED, Geologischen Erkundungsbetrieben, Projektierungsbetrieben, Spezialbaubetrieben, Forschungsinstitutionen des Verkehrsbaus und des Wasserbaus, Hochschulen, Bezirksstellen im Inland und auch aus der Sowjetunion) vor, deren Wiedergabe mehr als ein Heft dieser Zeitschrift füllen würde. Da die Aufgaben dieser Zeitschrift überwiegend auf anderen Gebieten liegen, müssen wir von einer Veröffentlichung der Beiträge leider absehen. Für das den Problemen des Fachgebiets Ingenieurgeologie entgegengebrachte Interesse sprechen die Redaktion und die Institutionen der Staatlichen Geologischen Kommission allen Diskussionsteilnehmern ihren Dank aus.

Das vorliegende Material wurde von einer Arbeitsgruppe ausgewertet, in der Vertreter der VVB Feste Minerale, der Volkseigenen Betriebe Geologische Erkundung, der Bezirksstellen für Geologie, der Hochschule und des Zentralen Geologischen Instituts anwesend waren. Als erstes Ergebnis

[1]) Eingang des Manuskripts in der Redaktion: 18. 2. 1963

resultiert daraus eine Empfehlung für die VVB Feste Minerale über die weitere Behandlung des Fachgebiets Ingenieurgeologie bezüglich methodischer und organisatorischer Maßnahmen. Die in den vielen Beiträgen enthaltenen wichtigen Anregungen werden weiterhin den Vertretern der Staatlichen Geologischen Kommission als Unterlagen dienen bei den Beratungen, die zur Zeit mit dem Ministerium für Bauwesen und anderen Institutionen über die wirtschaftliche und wissenschaftliche Verbesserung der Arbeiten für die Baugrunderkundung und -untersuchung stattfinden.

Das Ergebnis der Diskussion kann in allgemeinen Grundzügen wie folgt zusammengefaßt werden:

1. Der Ingenieurgeologie kommt eine maßgebende Rolle bei der Untersuchung des Baugrunds zu. Das Arbeitsgebiet des Ingenieurgeologen reicht von der Analyse der gesamtgeologischen Verhältnisse bis zur Bestimmung von Kennzahlen, die in Laboruntersuchungen erhärtet wurden, da sich die Kennzahl zum wesentlichsten Teil aus der Genese eines Gesteins bzw. einer geologischen Einheit herleitet.

2. Es ist aus ökonomischen Gründen dringend erforderlich, möglichst bald zweckmäßige Formen der Zusammenarbeit aller an der Baugrunduntersuchung beteiligten Dienststellen einschließlich der Bohrbetriebe zu finden.

3. Die Ingenieurgeologie hat sich zu einem Teilgebiet der Geologie mit speziellen Anforderugen entwickelt, so daß es höchst erforderlich ist, dies auch im Lehrbetrieb an den Hoch- und Fachschulen zu berücksichtigen.

Dr. Reuter Käbel Dr. Kauter

Besprechungen und Referate

Hoagland, A. D.

Distribution of zinc in soils overlying the Flat Gap Mine

„Mining Engineering", vol. 14 (1962), H. 10, S. 56–58, 5 Abb.

Die Flat Gap Mine, eine wichtige Zinklagerstätte des Appalachen-Typs, liegt im Staat Tennessee nordöstlich des Mascot-Jefferson-City-Zinkbezirks. Das Erz tritt in mächtigen stratigraphisch gebundenen Lagern des unteren Ordoviciums auf und besteht im wesentlichen aus Zinkblende, Dolomit und wenig Pyrit. Nur lokal treten Bleiglanz und sehr selten Baryt und Fluorit auf. Der erzführende Horizont ist von 6–30 m mächtigen residualen Tonen bedeckt, mit Ausnahme der Erosionstäler, in denen das Anstehende unmittelbar aufgeschlossen ist. Diese Aufschlüsse machen jedoch weniger als 5% der Gesamtfläche aus, so daß sich die Anwendung bodengeochemischer Suchverfahren für die weiteren Erkundungsarbeiten als notwendig und zweckmäßig erwies.

Als Analysenmethode wurde eine titrimetrische Dithizonmethode, modifiziert nach E. B. Sandell, gewählt, und zwar wurde die Summe der Schwermetalle (Zink + Kupfer + Blei), die als Zink„äquivalent" betrachtet wird, bestimmt. Im Untersuchungsgebiet lassen sich zwei Überlagerungstypen feststellen, nämlich residuale und allochthone Böden. In der Diskussion der Ergebnisse wird nur auf die residualen Böden Bezug genommen.

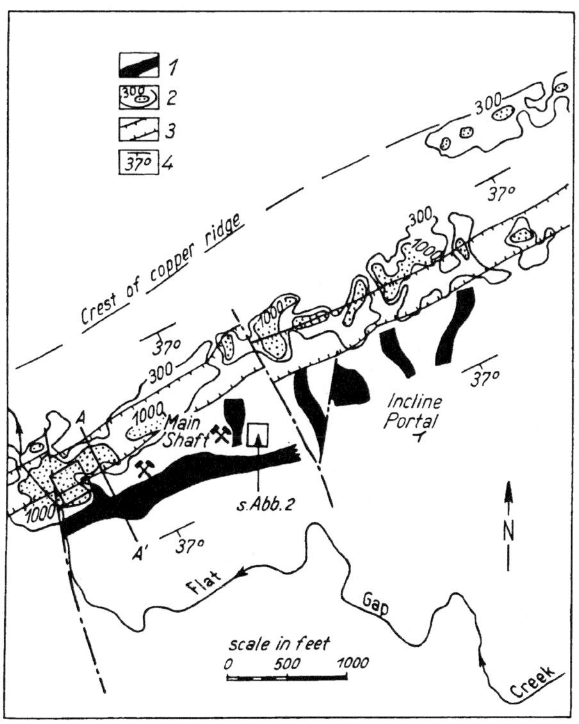

Abb. 1. Schematische Darstellung der Beziehungen zwischen den Erzkörpern (1) und ihren Anomalien (2) in den Deckschichten. Die Anomalien folgen dem im Einfallen (37° SE) an die Oberfläche projizierten Ausbiß des Erzhorizonts

Abb. 2. Raummodell der Schwermetallverteilung im Boden. Der Scheibendurchmesser ist proportional dem Zn-Gehalt. Die Proben wurden aus 10 ft. tiefen Bohrungen bei einem Bohrnetz von 25 × 25 ft. entnommen.

Der Untergrundgehalt im Bereich der Flat Gap Mine beträgt 50–200 g/t Schwermetall, hauptsächlich Zink. Die anomalen Werte erreichen mitunter 3000 g Zn/t und darüber. Testuntersuchungen in Osttennessee haben gezeigt, daß das an und für sich leicht migrierende Zink besonders an hydratisierte Eisenoxyde (30–60%) und an Tonmineralien (20 bis 45%) gebunden ist. Abb. 1 zeigt die Ergebnisse der geochemischen Sucharbeiten. Die geochemischen Anomalien liegen im oder am projizierten Ausbiß der Erzhorizonte. Die Metallverteilung innerhalb der anomalen Zonen ist recht heterogen. So können die Zinkgehalte bei einem Probenahmeabstand von 7,5 × 7,5 m (Probenahmetiefe 0,6 m) bereits von einem Probenpunkt zum anderen im Verhältnis von 10:1 schwanken. Eine ganz ähnliche Verteilung ist auch in der Vertikalen zu beobachten (Abb. 2). Diese Schwankungen der Metallgehalte im Boden werden auf die primäre Metallverteilung im Gestein zurückgeführt, da die Residualböden nur unbedeutend transportiert wurden. Die geochemischen Anomalien spiegeln also die überdeckten Ausbisse der Erzkörper unmittelbar wider. Ausgehend von der Vielzahl der Faktoren, die Ausdehnung und Intensität einer geochemischen Anomalie bedingen, und dem gegenwärtigen Stand unserer Kenntnisse über diese recht komplexen Vorgänge werden Schlußfolgerungen über die Größe und Intensität des überlagerten Erzkörpers auch für Residualböden abgelehnt.

M. Kraft

AMES, L. L., jr.

Anion metasomatic replacement reactions

„Economic Geology", Bd. 56 (1961), 521—532

Verf. berichtet über die experimentelle Untersuchung der Anionen-Austauschsysteme Kalzit—Phosphat, Kalzit—Fluorid, Gips—Karbonat und Gips—Phosphat sowie des Einbaus des Strontiumions in das Endprodukt. Das Anion der unter den Versuchsbedingungen weniger stabilen, ursprünglichen Komponente geht in Lösung. Der Umbau des ursprünglichen Kristallgitters erfolgt an einer Grenzfläche mit dem Verdrängungsprodukt.

Bei diesen Untersuchungen wurden Lösungen von höchster Reinheit durch Pyrexsäulen gedrückt. Die Regulierung der Temperaturen erfolgte durch Heizplatten über ein Thermoelement. Benutzt wurden die Radioisotope Sr^{85}, P^{32} und C^{14}, deren Konzentration vor und nach Durchgang durch die Säulen bestimmt wurde. Die dimensionslose Konstante C/C_0 (C_0 — Konzentration des Radioisotops vor dem Durchgang, C — Konzentration nach dem Durchgang) bildete zugleich die abhängige Veränderliche bei der Variation der unabhängigen Veränderlichen wie pH, Menge der durchgepumpten Flüssigkeit, Oberfläche der ursprünglichen festen Substanz in den Säulen, Temperatur und Konzentration des aktiven Anions. Eine der Variablen (meist die Konzentration der Anionen PO_4^{3-}, CO_3^{2-} oder F^- bzw. die Konzentration von Sr^{2+}) wurde konstant gehalten, die anderen variiert. Die sich dabei ergebenden zahlreichen Kurven hätten theoretisch alle durch einen Punkt gehen müssen. Die Abweichungen von diesem Punkt entsprechen dem totalen experimentellen Fehler.

Aus der Abb. sind die Verhältnisse zwischen festem Kalzit, PO_4^{3-} und Sr^{85} ersichtlich. Die Ergebnisse einiger Kalzium-Anionen-Austauschreaktionen in Abhängigkeit vom pH-Wert wurden in der Tabelle dargestellt.

Der Grund für das Auftreten metasomatischer Verdrängungen ist darin zu suchen, daß das ursprüngliche Material in einem gegebenen System löslicher ist als das entstehende Endprodukt. Das verdrängende Anion bildet mit einem oder mehreren Kationen der verfügbaren festen Substanz die am wenigsten lösliche Verbindung. Ist die ursprüngliche feste Substanz in einem gegebenen System bereits am wenigsten löslich, tritt keine Verdrängung ein. Keine festen Phasen ergeben sich, wenn alle möglichen Phasen in wäßrigen Lösungen stark löslich sind oder, wie z. B. bei $MgCO_3—F^-$, die am wenigsten lösliche Komponente (MgF_2) nicht bei Zimmertemperatur entsteht.

In einem gegebenen System ist die Löslichkeitsdifferenz zwischen der ursprünglichen festen Substanz und dem möglichen Veränderungsprodukt bestimmend dafür, ob eine Verdrängung eintritt oder nicht, und sie bestimmt weitgehend den Punkt, an dem sie einsetzt. Bei mehreren möglichen Veränderungsprodukten, die alle insgesamt weniger löslich als die ursprüngliche feste Substanz sind, ist nur das am wenigsten lösliche stabil. W. OESTREICH

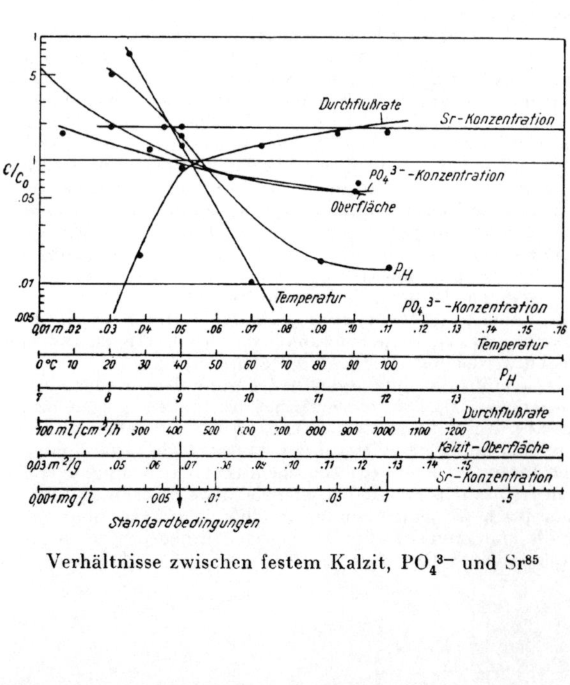

Verhältnisse zwischen festem Kalzit, PO_4^{3-} und Sr^{85}

Kinetische Phasenbeziehungen in einigen Systemen, „Kalzium-Anionen" in Abhängigkeit vom pH-Wert[1])

Einwirkende Lösung	pH-Wert der in die Säule eintretenden Lösung	pH-Wert der Lösung nach Verlassen der Säule	Material der Säule	Endprodukt
0,03 m Na_2SO_4	3,1	6,6	Kalzit	Kalzit
0,03 m Na_2CO_3	10,9	10,8	Fluorit	Kalzit
0,03 m Na_2SO_4	4,2	4,1	Fluorit	Fluorit
0,03 m Na_2SO_4	4,2	4,2	Apatit	Gips
0,03 m Na_2CO_3 0,03 m Na_2SO_4	4,1	6,5	Kalzit	Kalzit
0,03 m Na_2SO_4 0,03 m Na_2CO_3	9,2	9,2	Kalzit	Kalzit
0,03 m NaF 0,03 m Na_2CO_3	7,2	8,6	Kalzit	Fluorit
0,03 m NaF 0,03 m Na_2CO_3	9,6	9,8	Kalzit	Fluorit
0,03 m NaF 0,03 m Na_2CO_3	7,1	7,2	Gips	Fluorit
0,03 m NaF 0,03 m Na_2SO_4 0,03 m Na_2CO_3	9,3	9,7	Kalzit	Fluorit
0,03 m NaF 0,03 m Na_2SO_4 0,03 m Na_2CO_3	9,2	9,2	Fluorit	Fluorit
0,03 m NaF 0,03 m Na_2SO_4 0,03 m Na_4CO_3 0,03 m Na_2PO_4	11,8	11,7	Kalzit	Apatit
0,03 m NaF 0,03 m Na_2SO_4 0,03 m Na_2CO_3 0,03 m Na_3PO_4	7,2	7,4	Kalzit	Apatit
0,03 m NaF 0,03 m Na_2SO_4 0,03 m Na_2CO_3 0,03 m Na_2PO_4	4,2	6,5	Kalzit	Fluorit

[1]) Die einwirkenden Lösungen wurden bei einer Temperatur von 60 °C durch chromatographische Säulen von 2 cm Durchmesser, die drei Gramm Ausgangsmaterial enthielten, gedrückt.

FROHBERG, M. H.

Geological features of some fluorite deposits in the state of San Luis Potosí, Mexico

„Proc. Geolog. Ass. of Canada", Bd. 14, S. 9—19, 8 Abb. (1962)

Erst seit 1938 ist Mexiko in der Liste der Flußspat fördernden Länder vertreten, lieferte dann zwischen 1945 und 1953 etwa 50000—65000 t jährlich, um sich in späteren Jahren bis zum ersten Platz vorzuschieben. Dieser außergewöhnliche Anstieg in der Flußspatproduktion ist auf die Entdeckung einiger neuer Lagerstätten in den Staaten San Luis Potosí und Guanajuato zurückzuführen. Es ist sehr verdienstvoll, daß der Verf. über die beiden wichtigsten Flußspatproduzenten berichtet, die er aus eigener Anschauung gut kennt, da geologisch noch nichts über diese Vorkommen bekannt ist. Es handelt sich um die Las-Cuevas- und La-Consentida-Gruben bei Salitrera, 65 km SE San Luis Potosí. Der Schacht der Las-Cuevas-Grube liegt an dem kleinen Rio Juarez in 1800 m Höhe; in rund 1 km nordöstlicher Entfernung befindet sich die Grube La Consentida in etwa 1900 m Höhe.

Die beiden Flußspatgruben begannen die Produktion als Tagebaue im Jahre 1953, jedoch kommt die Förderung der

Cuevas-Grube seit 1960 aus einem Schacht mit einer 70-m- und einer 120-m-Sohle. Insgesamt wurden von 1955 bis Ende 1961 von dieser Grube 440000 t Flußspat erzeugt, wovon seit Juni 1957, als die Grube von einer kanadischen Gesellschaft erworben worden war, 328000 t verschifft worden sind. Die Gesamtförderung der Consentida-Grube ist nicht bekannt, wird aber etwa die gleiche Höhe erreicht haben wie die der Cuevas-Grube.

Die Flußspatgruben liegen in einem aus kretazischen Kalken aufgebauten, NW streichenden flachen Gewölbe, das von tertiären rhyolithischen Gesteinen überlagert wurde, die auch in Gängen und kraterförmigen Durchbrüchen auftreten. Die über 300 m mächtigen rhyolithischen Vulkanite bestehen vorwiegend aus Tuffen mit zwischengeschalteten Laven. Ein großer Teil der Tuffe muß als Glutwolkenablagerungen gedeutet werden, und Ignimbrite bauen die wichtigsten Berge der Umgegend auf. Intrusive Rhyolithe treten vereinzelt in der Umgebung der beiden Flußspatgruben sowohl im Kalk als auch in den überlagernden rhyolithischen Vulkaniten auf. Die meisten kommen gangförmig vor, einige zeigen unregelmäßige Querschnitte und scheinen schlotförmige Durchbrüche zu sein. Ein solcher von Rhyolith-Porphyr mit 120 × 180 m Querschnitt ist etwa 200 m südwestlich der Consentida-Grube zu erkennen. Die Kalke sind in der Nähe dieser Intrusiva zu feinkörnigem Marmor mit zahlreichen Kalzittrümern umkristallisiert, jedoch fehlen Kontaktsilikate.

Die bemerkenswertesten und in genetischer Hinsicht wichtigsten Gesteinstypen stellen die Rhyolith-Brekzien dar, die nicht nur Fragmente von Rhyolith-Porphyr, sondern auch von Kalkstein bis zu 60 cm Durchmesser enthalten. Mit diesen Intrusivbrekzien stehen in beiden Flußspatgruben die Flußspatmittel in Verbindung. Sie sind an NW gerichtete Störungen gebunden. Im nordwestlichen Consentida-Grubenrevier ist eine NW streichende, steilstehende Brekzienzone von 12 m Mächtigkeit auf etwa 150 m Länge zu verfolgen, wobei Flußspat mehrfach am nordöstlichen Kontakt und in der Brekzie selbst vorkommt. In der Cuevas-Grube bildet eine unregelmäßige, mindestens 150 m mächtige Brekzienzone das Nebengestein der beiden mächtigen Flußspatmittel, die in 150 m Länge und 15—50 m Mächtigkeit, örtlich durch Diamantbohrungen bis etwa 170 m Tiefe nachgewiesen, am NE-Kontakt entwickelt sind.

Obwohl in dem besprochenen Flußspatrevier auch gangartige Vorkommen zu erkennen sind, stellen die Hauptvorkommen schlauch- und schlotförmige Flußspatkörper dar, die von wenigen Metern bis 150 m Länge bei 1 m bis 50 m Mächtigkeit aufweisen. Die Entwicklung nach der Tiefe ist unregelmäßig. Während der eine der beiden Flußspatkörper der Cuevas-Grube in 85 m Tiefe in arme Massen übergeht, ist der andere durch Diamantbohrungen bis zu 170 m Tiefe nachgewiesen.

Die Flußspatkörper bestehen im wesentlichen aus Fluorit mit nur geringen Mengen von Quarz und Kalzit. Weder Sulfide noch Baryt sind bisher festgestellt worden. Die feinkörnigen bis dichten Massen enthalten zahllose, mit winzigen Kriställchen ausgefüllte Drusenräume. Es lassen sich vielfach noch fein gebänderte Reliktstrukturen und kammähnliche Formen beobachten. Das Rohhaufwerk kann nach Absiebung des Feinen als Hüttenspat mit 72% CaF_2 verschifft werden. Auf der Cuevas-Grube kann man durch Ausklauben des glasig aussehenden, besonders reinen Fluorits aus jüngeren Flußspattrümern einen Spat mit 95% CaF_2 für keramische Zwecke und Säurespat mit 97% CaF_2 gewinnen.

Auf Grund der geschilderten besonderen Lagerungsverhältnisse und Ausbildung der Flußspatkörper kommt der Verf. zu der Ansicht, daß die feinkörnigen Fluoritmassen durch metasomatische Prozesse entstanden sind, während die jüngeren Trümer des glasigen Fluorits als Kluftfüllungen durch aszendente Lösungen betrachtet werden. Die hydrothermalen Vorgänge werden als postvulkanische Prozesse mit den tertiären Rhyolith-Durchbrüchen in Verbindung gebracht. Explosionen beim Aufbruch der Vulkanite haben nicht nur vulkanische Brekzien erzeugt, sondern auch die angrenzenden Kalke zerrüttet, so daß metasomatische Prozesse zu einer restlosen Umwandlung der kalkigen Fragmente und der zerrütteten Kalke zu Flußspat führen konnten. H. Reh

Belmonte, Y. C.

Erdölfelder in Gabun

„Erdöl und Kohle", Jg. 15 (1962), H. 9, S. 692—699

Eine kurze Charakteristik über das ca. 50000 km² große Sedimentationsbecken von Gabun, welches durch eine kristalline Achse in ein kleineres Innenbecken im E und ein größeres atlantisches Becken im W geteilt ist, leitet den Bericht ein.

Nach einem wirtschaftlich unbedeutenden Ölfund im E-Becken im Jahre 1951 konzentrierte sich die Untersuchungstätigkeit auf das atlantische Becken, in dem seit 1952 eine Reihe mittelgroßer Ölfelder mit einer Gesamtförderung von etwa 750000 t/a erschlossen werden konnten.

Die Aufstellung eines exakten stratigraphischen Profils für das Gebiet von Gabun ist wegen der wechselnden Fazies, der Salztektonik, der Seltenheit und schlechten Erhaltung von Versteinerungen und des Klimas sehr schwierig. Es wird eine im Apt abgelagerte mächtige Salzserie mit Kaliflözen dargestellt, die die Beckensedimente in einen prä- und postsalinaren Bereich trennt. Die hauptsächlich aus Steinsalz bestehende Salzserie ist lagunär-mariner Entstehung und erstreckt sich wahrscheinlich über das gesamte Becken von Gabun.

Während die präsalinaren Schichten zum Cocobeach (Oberjura—Oberapt) gestellt werden und aus Arkosesandsteinen sowie Konglomeraten mit tonigen Einlagerungen aufgebaut werden, die nach oben gegen die Salzserie mit bituminösen Schiefern abschließen, müssen die postsalinaren Schichten vom Oberapt bis Postmiozän in verschiedene stratigraphische Abschnitte getrennt werden.

Das Sedimentationsbecken von Gabun ist ein nichtorogenes Senkungsbecken. Neben Grundgebirgsbrüchen ist die Salztektonik bedeutsam. Im weiteren werden die durch seismische Übersichtsmessungen mit Gravimetrie und Flugmagnetik auskartierten Strukturzüge mitgeteilt und kartenmäßig dargestellt.

Eine Zahlentafel ermöglicht eine Übersicht über die 11 Erdöl- und 2 Erdgasfelder von Gabun. Die Erdölspeicher stehen in enger Beziehung zu der Sedimentfolge vom Mitteljura bis zum Miozän; eine mächtige Salzserie im Apt war Ausgangspunkt späterer salztektonischer Bewegungen. Die postsalinaren Erdölspeicher werden in der Regel aus Sanden und Sandsteinen gebildet, lediglich im Eozän aus zerbrochenen verkieselten Tonsteinen. Die meisten Erdöllagerstätten in Gabun sind an Antiklinalen, Salzstockflanken oder stratigraphische Fallen gebunden. —s—

Karzev, A. A.

Prinzipien und Wege paläohydrogeologischer Untersuchungen (beim Studium der Genese von Erdöl- und Erdgaslagerstätten und der Schätzung der Erdölhöffigkeit)

„Probleme der Hydrogeologie", Gosgeoltechisdat 1960, S. 271—276

Bei der Schätzung der Erdölhöffigkeit bestimmter Gebiete sind hydrogeologische und paläohydrogeologische Bedingungen von vorrangiger Bedeutung. Es werden einige Kriterien genannt, mit deren Hilfe die hydrogeologischen Verhältnisse vergangener Epochen bzw. die Herkunft der unterirdischen Wässer ermittelt werden können.

1. Die Koeffizienten $\frac{rNa}{rCl}$ und $\frac{Cl}{Br}$ besitzen für Meerwasser die Werte 0,87 und 300; für Oberflächenwasser sind sie wesentlich höher. Bei „Metamorphose" der Wässer findet eine fortlaufende Erniedrigung statt. Die Koeffizienten erlauben gewisse Rückschlüsse auf die Herkunft des Wassers. Eine Verfälschung ist möglich bei Kontakt mit Salzlagern und organischer Substanz (Erhöhung des Bromgehalts).

2. Der Koeffizient $\frac{He}{Ar}$ ermöglicht eine Altersbestimmung des in der Schicht enthaltenen Wassers.

3. Die Veränderung des Chemismus des Wassers in einem bestimmten Gebiete erfolgt meist gesetzmäßig. Scharfe Abweichungen hiervon (Anomalien) ergeben bei genauer Analyse häufig Hinweise auf hydrogeologische Verhältnisse der Vergangenheit.

4. Die Kenntnis der gegenwärtigen dynamischen Verhältnisse erlaubt es oft, die Ausmaße der Infiltration in einem

Bereich und die Möglichkeit des Vorhandenseins noch alter Sedimentationswässer abzuschätzen.

5. Der Isotopenbestand des Wassers selbst wird als ein mögliches Kriterium betrachtet, da bei Verdunstung eine Verarmung, bei Kondensation jedoch eine Anreicherung schwerer Moleküle vor sich geht.

Als Grundlage paläohydrogeologischer Untersuchungen und der Darstellung ihrer Ergebnisse dienen: paläogeographische, paläotektonische und paläogeologische Karten und Profile, paläoklimatische Angaben u. a.

E. Neumann

Heimann, M. A., A. O. Moslumow, W. J. Musinow, M. N. Safuillin & G. S. Jusbasew

Das Elektro- und Turbinebohren unter Anwendung belüfteter Bohrlochspülung

„Neft. Chos." (1961), S. 21–26, MF 1455

Durch gasförmige belüftete Spülung bei gleichzeitiger Anwendung des Elektrobohrens ist eine 2–4fache Steigerung der mechanischen Kennwerte möglich. Versuchsbohrungen ergaben, daß die Vergrößerung des Meißelmarsches und der mechanischen Geschwindigkeit vom Grad der Belüftung sowie vom jeweiligen Gebirge und der Teufe abhängt. Man benötigt transportable Kompressoren mit einer Förderleistung von mindestens 40 m^3/min und einem Betriebsdruck bis zu 50–60 atü. Der Belüftungsgrad der Spülung liegt bei 25.

Heyne

Paskapow, N. R. & N. J. Martirosow

Kalkbearbeitung von Spülungen

„Neft. Chos.", H. 1 (1962), S. 26–32

Der Verf. stellt fest, daß beschwerte Spülungen mit Zusatz von Kohlenlauge (Braunkohle und Ätznatron) bei hohen Dichten zu großem Verbrauch von Beschwerungsmitteln und zu Viskositätsanstiegen führen können. In einigen Bohrungen wurden kalkbasische Spülungen mit Sulfitablauge als Dispergiermittel erprobt. Dadurch wurden die Beschwerungsarbeiten beschleunigt und der Verbrauch an Beschwerungsmitteln durch Verringerung der sonst notwendigen Verdünnung stark eingeschränkt. Verf. schlägt weitere umfangreiche Untersuchungen vor.

Heyne/Klipp

Rojak, S. M. & A. M. Dimitrijew

Über ein Bindemittel zur Zementation von Tiefbohrungen

„Neft. Chos.", Nr. 7, S. 25–29, Moskau 1961

Verf. empfehlen, zu Tamponagezwecken in Bohrlöchern mit Temperaturen bis 140 °C belitischen Zement mit 15% Quarzsand zu verwenden. Die sich unter den gegebenen Bohrlochbedingungen mit C_2S (Dicalciumsilikat) bildenden niedrigbasischen Calciumhydrosilikate, wie Tobermorit, Xenolith und CHS, bedingen die Festigkeit und Beständigkeit des Zements bei hohen Temperaturen und Drücken. Aus Abfallstoffen, die 80–85% β-C_2S enthalten, erhält man durch Zusatz von kieselsäurereichem Material, wie Quarzmehl, einen Tamponagezement für tiefe Bohrlöcher mit günstigen Eigenschaften.

Die Abbindezeiten und Festigkeiten wurden im Autoklaven unter Bohrlochbedingungen bestimmt. Eine Erhöhung des Quarzmehlanteils verlängert die Abbindezeiten, während die Festigkeiten vermindert werden. Bei Erhöhung des Quarzmehlanteils auf über 30% gehen die zweibasischen Hydrosilikate in Monocalciumsilikathydrate über. Maximale Festigkeiten werden bei einem Gemisch von 50–70% β-Belit und 30–50% Sand erhalten. Ein Gehalt von mehr als 70% β-C_2S ist ungünstig, da sich dann hochbasische Hydrosilikate bilden, die die Festigkeiten herabsetzen.

Die spezifische Oberfläche der Belitkomponente beeinflußt stark die Festigkeit, die bei größerer Mahlfeinheit zunimmt. Die dadurch erhöhte Abbindeaktivität bei größerer Oberfläche wird durch die benötigte zusätzliche Wassermenge ausgeglichen. Die mit diesen Gemischen erhaltenen guten Festigkeiten gestatten es auch, andere Zusätze zur Regulierung des spezifischen Gewichts, wie Bentonit usw., zu verwenden. Umfangreiche Tabellen über die durchgeführten Untersuchungen vervollständigen die Angaben.

K. Schulze

Marinescu, I.

Geologische und geotektonische Untersuchungen über den Teliu-Tunnel (Buzău-Gebirge/Rumänien)

„Revista Minelor", XIII, Nr. 11, Bukarest 1962; S. 506 bis 512

Die Arbeit enthält die Ergebnisse der geologischen, geotektonischen und geotechnischen Untersuchungen über den Bau des Teliu-Tunnels. Er liegt zwischen Braşov und Intersura Buzăului, unterhalb des Predeal-Passes.

In der Berriasformation wurde eine Reihe von neuen Fossilien mit Punktaptychen und Lamellaptychen gefunden, die ins Barrême—Apt und Vracon—Cenoman gehören. Die wichtigste Entdeckung hierbei ist das Vorhandensein von *Inoceramus* cf. *lamarcki* Park., der in dem roten Turon-Senon-Ton und -Sandstein häufig auftritt.

Des weiteren bringt die Arbeit eine Reihe von interessanten geotechnischen Ergebnissen hinsichtlich einer Verbindung der örtlichen Tektonik mit den regionalen geotektonischen Erscheinungen. In der Abb. 5 wird ein erstes geologisches Detailprofil durch den Teliu-Tunnel gezeigt, das einen bedeutenden Fortschritt in der Interpretation der Tektonik der rumänischen Karpaten in diesem Gebiet darstellt.

C. Superceanu

Autorenkollektiv unter Leitung von A. L. Rjabinkin

Theorie und Praxis der seismischen Methode RGE

„Gostoptechisdat", Moskau 1962; 291 S.

In diesem Buch wird zum ersten Male eine zusammenhängende Veröffentlichung der Methode RGE gegeben. Man wendet sie in schwierigen Fällen, in denen andere seismische Methoden wenig wirkungsvoll sind, an.

Ihre Grundlage besteht in ihrem räumlichen Auflösungsvermögen einzelner seismischer Wellen, die unter verschiedenen Einfallwinkeln ankommen. Die Summierung und die gerichtete Bündelung der Methode RGE kann man im Labor mit einer verschiedenen Anzahl Spuren und mit verschiedener Filtration durchführen. Nicht nur die mit Photoregistrierung erhaltenen Filme, sondern auch allgemeine Seismogramme können mit Hilfe der sogenannten Laboranwendung der RGE ausgewertet werden. Diese Methode ist, obwohl sie einige gemeinsame Züge mit der seismischen Bündelung hat, weit universeller und variabler. Sie bietet mehr Möglichkeiten, komplizierte Wellenbilder zu dechiffrieren. Die Methode RGE ermöglicht es, die idealen regulären Wellen in einzelne elementare reguläre Komponenten zu zerlegen. Da aber solche durch die besonderen Bedingungen an den Grenzen hervorgerufen werden, kann man die Grenzen im geologischen Schnitt genau bestimmen, was bei anderen seismischen Methoden nicht immer möglich ist.

Nach einer kurzen Betrachtung der grundlegenden apparativen Prinzipien wird auf die theoretischen Grundlagen der Methode RGE eingegangen.

Das räumliche Auflösungsvermögen nimmt in dem vorliegenden Werk einen großen Raum ein. Auch werden die Besonderheiten bei der Feldarbeit mit dieser Methode behandelt. Großes Augenmerk legt das Autorenkollektiv auf die Interpretation. Mit zahlreichen Skizzen und Abbildungen wird der Stoff sehr gut veranschaulicht.

Zum Schluß des Werkes wird die Möglichkeit einer automatischen Auswertung behandelt.

A. Reschke

Dortman, N. B. & M. L. Oserskaja

Methodisches Handbuch zur Bestimmung der physikalischen Eigenschaften von Gesteinen und nutzbaren Mineralien

„Gosgeoltechisdat", Moskau 1962; 458 S., 152 Abb., 42 Tab., 208 Lit., 7,75 DM (russ.)

Im Auftrage des Ministeriums für Geologie und Lagerstättenschutz der UdSSR entstand in enger Gemeinschaftsarbeit von Mitarbeitern der Wissenschaftlichen Allunions-Forschungsinstitute für Geologie (WSEGEI) und geophysikalische Erkundungsmethoden (WNII Geofisika) ein Handbuch zur Bestimmung der physikalischen Eigenschaften von Gesteinen und nutzbaren Mineralien, das eine bis dahin bestehende Lücke auf dem Gebiete der geologisch-geophysikalischen Literatur schließt.

Der erste Teil des Buchs behandelt Technik und Methodik der Bestimmung physikalischer Eigenschaften von Gesteinen und nutzbaren Mineralien. Dabei werden jeweils nach Darlegung der theoretischen Zusammenhänge die verschiedenen Möglichkeiten zur Erlangung von Meßwerten (Labor- und Bohrlochmeßverfahren, Bestimmung unter natürlichen Bedingungen im Gelände im Verlaufe der geophysikalischen Feldarbeiten) ausführlich erörtert. Die Methoden zur Bestimmung von magnetischen und elektrischen Eigenschaften, der Dichte, der Porosität, der Feuchtigkeit und des spezifischen Gewichts, der Ausbreitungsgeschwindigkeit elastischer Schwingungen und der natürlichen Radioaktivität von Gesteinen und nutzbaren Mineralien werden ausführlich beschrieben. Ein weiteres Kapitel behandelt die Bestimmung der thermischen Eigenschaften und der Lumineszenzanalyse. Hinweise auf die apparative Ausrüstung werden an entsprechender Stelle gegeben. Von den zahlreichen Methoden zur Ermittlung der gesuchten physikalischen Größen wurden nur die verbreitetsten und perspektivischsten behandelt.

Im zweiten Teil wird die Untersuchungsmethodik für bestimmte geologische Bedingungen dargelegt. Hier werden Probleme der Auswertung und Verallgemeinerung des Meßmaterials hinsichtlich der Durchführung und Interpretation geophysikalischer Untersuchungen besprochen. Das letzte Kapitel dieses Teils bringt einige Beispiele über die Anwendungsmöglichkeiten der physikalischen Eigenschaften von Gesteinen und nutzbaren Mineralien bei der unmittelbaren Lösung einzelner geologischer Fragen.

Seinem Inhalt entsprechend wendet sich dieses Buch in erster Linie an den in der Lagerstättenerkundung tätigen Geophysiker, der — je nach der Erkundungsmethode — bestimmter physikalischer Parameter zur Interpretation seiner Meßergebnisse bedarf. Aber auch der Geologe als Hauptverwerter geophysikalischer Meßergebnisse wird manchen für die Praxis nützlichen Hinweis in diesem Nachschlagewerk finden.

Nicht zuletzt besteht der Wert dieses Buches auch darin, daß hier die umfangreiche und verstreute Literatur über die Bestimmung der physikalischen Eigenschaften von Gesteinen und nutzbaren Mineralien zusammenfassend ausgewertet und bersichtlich gegliedert dargeboten wird. W. LANGE

Neuerscheinungen und Literaturhinweise

POPOW, I. W.
Ingenieurgeologie in der UdSSR
Verl. Moskowskogo Univ. 1960

REUTER, F. & F. KAMMERER
Ingenieurgeologie
Freiberg. Forsch.-H. C 127, Berlin 1962. — 109 S.

STAMMBERGER, F.
Zur ökonomischen Bewertung von Lagerstätten nutzbarer Rohstoffe
Freiberg. Forsch.-H. C 147, Berlin 1962. — 132 S.

PETROWSKAJA, A.
Bauxite, ihre Entstehung und ihr Aufsuchen
Gosgeoltechisdat, Moskau 1960. — 18 S.

OSINSKIJ, I. S.
Wie sucht man Uranerze ?
Gosgeoltechisdat, Moskau 1959. — 54 S.

KATSCHURIN, S. P.
Der Thermokarst auf dem Territorium der UdSSR
Verl. AN SSSR, Moskau 1961. — 210 S.

MARKOW, K. K.
Paläogeographie
Verl. Moskowskogo Univ. 1960. — 266 S.

Autorenkollektiv
Allgemeine Fragen der Karstkunde
Verl. AN SSSR, Moskau 1962. — 246 S.

MILOSERDINA, G. G.
Aufgabensammlung für das geologische Erkundungswesen
Isdat. Moskowskogo Univ., Moskau 1961, 191 S.

Nachrichten und Informationen

J. POMPER zum Gedächtnis

Am 2. Februar 1963 verschied, einen Tag nach seinem 58. Geburtstag, Dr. phil. JOHANNES POMPER, Mitarbeiter des VEB Geologische Erkundung West, Halle.

Am 1. Februar 1905 in Leipzig geboren, studierte Dr. POMPER von 1926 bis 1931 Naturwissenschaften an der Universität Leipzig. Als Schüler von KOSSMAT promovierte er 1930 in Leipzig über „Der Blintendorfer Kulm und sein Verhältnis zum Hirschberger Sattel". Danach legte er das Staatsexamen für das Lehramt ab.

Als Dr. J. POMPER 1949 gebeten wurde, am Aufbau der damaligen Geologischen Landesanstalt im ehemaligen Land Sachsen-Anhalt mitzuwirken, stellte er sich sofort zur Verfügung. Seit dieser Zeit widmete er sich der angewandten Geologie und vor allem der Lagerstättenerkundung der Steine und Erden, die er in den Bezirken Halle und Magdeburg begründet und aufgebaut hat. So leistete er hervorragende Arbeit bei der Schaffung der Rohstoffgrundlage für die keramische Industrie. Die wissenschaftlichen und lagerstättenkundlichen Ergebnisse fanden in verschiedenen Publikationen ihren Niederschlag („Silikattechnik", 1957, H. 2 u. 8). Sein Verdienst ist es, gemeinsam mit dem VEB Geophysik neue Methoden bei der Erkundung von Tonen erarbeitet und in der Praxis angewandt zu haben (Z. angew. Geol., 1960, Ber. geol. Ges., 1960).

Seine ganze Liebe galt der Erkundung von Rohstoffen für die Bindemittelindustrie (Zement, Gips). Die Arbeiten auf diesem Gebiet sind richtungweisend für die Entwicklung dieses Industriezweigs in der Deutschen Demokratischen Republik (Z. angew. Geol., 1960, 1962). Sie wurden von ihm in Absprache mit der Industrie (VVB Zement und Beton) ausgeführt, wobei er ein nachahmenswertes Beispiel für die Verbindung zwischen Lagerstättenerkundung, Projektierung und verwertender Industrie schuf. Dr. J. POMPER gab nicht nur Hinweise zum Auffinden von Zementrohstoff- und Gipslagerstätten und wies sie nach, sondern vermittelte die dabei gemachten Erfahrungen in der Erkundungsmethodik in Vorträgen und Publikationen einem großen Kreis von Geologen. Diese Gabe, eigene Erfahrungen in klarer Form anderen mitzuteilen, schätzten seine Mitarbeiter an ihm. Sie bewirkte, daß er 1954—1956 an die Bergingenieurschule „Georgius Agricola" nach Zwickau berufen wurde, um bei der Ausbildung der künftigen Geologie-Ingenieure mitzuhelfen.

Neben diesen wissenschaftlichen Arbeiten suchte er neue Möglichkeiten in der Bemusterung der Gesteine (Probenaufbereitungsanlagen) und führte sie ein.

Diese kurze Darstellung des Schaffens von Dr. POMPER wäre unvollständig, würden nicht seine Bescheidenheit, sein Arbeitseifer und seine Kollegialität erwähnt werden, die seinen Mitarbeitern stets Vorbild waren und weiterhin sein werden.

R. RUSKE

Stand des Bergbaus in der Welt im Jahre 1960

Im Jahre 1960 konnte die Bruttoproduktion im Bergbau der Welt — berechnet auf den Basispreis 1956 — um 3,8 Mrd. $ oder knapp 8% auf 52 Mrd. $ gesteigert werden („Braunkohle", H. 10, 1962).

Die Mineralölförderung hatte mit 1,4 Mrd. $ bzw. 74 Mill. t 1960 wert- und mengenmäßig die größte Zunahme zu verzeichnen. Der Zuwachs lag jedoch mit 7,5% knapp unter dem Gesamtdurchschnitt, so daß der Anteil der Erdölgewinnung am Gesamtwert der Bergbauförderung geringfügig absank. Steinkohle stieg um 0,5 Mrd. $ oder knapp 5%, sank jedoch mit ihrem Anteil am Gesamtwert um 20% ab. Die Energieträger (Erdöl, Kohle, Erdgas und Braunkohle) erbrachten umgerechnet 64,7% der Produktionszunahme. Da sie zusammengenommen nur einen unterdurchschnittlichen Zuwachs aufzuweisen haben, ist ihr Anteil von 65,5% im Jahre 1959 um 0,8% abgesunken.

Verglichen mit den früheren Perioden war das Wachstum des Weltbergbaus im abgelaufenen Jahrzehnt sehr stark; im Zeitraum zwischen 1913 und 1937 lag die durchschnittliche jährliche Wachstumsrate nur bei etwa 2%, in der Zeit zwischen 1937 und 1950 bei jährlich 2,5% und in den letzten 10 Jahren bei durchschnittlich 6%. Der Hauptanteil dieses Wachstums der Bergbauproduktion entfällt auf die Länder des sozialistischen Weltlagers. —s—

Tabelle 1

Bergbauförderung der Welt nach Produkten

Produkt	1950	1959	1960	1950	1959	1960
	in Mill. $			in %		
Erdöl	10160	18944	20327	35,0	39,3	39,1
Steinkohle	7726	9887	10387	26,6	20,5	20,0
Eisenerz	1915	3235	3929	6,6	6,7	7,5
Kupfererz (Inh.)	2364	3414	3898	8,1	7,1	7,5
Erdgas	647	1654	1768	2,2	3,4	3,4
Uranerz	40	1671	1596	0,1	3,4	3,1
Gold	1144	1498	1575	4,0	3,1	3,0
Braunkohle	651	1153	1197	2,2	2,4	2,3
Zinkerz (Inh.)	654	930	985	2,3	1,9	1,9
Bleierz (Inh.)	578	798	803	2,0	1,6	1,5
Manganerz	271	616	650	0,9	1,3	1,2
Diamanten	276	486	573	1,0	1,0	1,1
Salz	298	501	531	1,0	1,0	1,0
Nickelerz (Inh.)	209	402	461	0,7	0,8	0,9
Zinnerz (Inh.)	395	366	419	1,4	0,7	0,8
Kali	205	356	379	0,7	0,7	0,7
Sonstige	1510	2307	2558	5,2	5,0	5,0
Zusammen	29043	48218	52036	100,0	100,0	100,0

Tabelle 2

Anteil einzelner Warengruppen am Weltbergbau in %

Warengruppen	1913	1937	1950	1960
Brennstoffe	60	60	66	65
Eisenerz und Stahlveredler	12	10	9	10
NE-Metalle	15	17	14	12
Edelmetalle und Diamanten	9	8	6	5
Salze	2	2	2	2
Sonstiges	2	3	3	6

Tabelle 3

Bergbauförderung der Welt nach Ländern

Land	1950	1959	1960	1950	1959	1960
	in Mill. $			in %		
USA	10975	13013	13396	37,8	27,0	25,7
UdSSR	2953	7616	8261	10,2	15,8	15,9
VR China	294	2496	3101	1,0	5,2	6,0
Venezuela	1529	2877	3053	5,3	6,0	5,9
Kanada	1019	2338	2439	3,5	4,8	4,7
Westdeutschland	1036	1351	1383	3,6	2,8	2,7
DDR	355	539	559	1,2	1,1	1,0
Kuweit	335	1357	1681	1,2	2,8	3,2
Südafrikan. Union	714	1350	1445	2,5	2,8	2,8
Saudi-Arabien	513	1039	1291	1,8	2,2	2,5
Großbritannien	1314	1288	1240	4,5	2,7	2,4
Frankreich	590	976	1053	2,0	2,0	2,0
Iran	628	885	1041	2,2	1,8	1,9
Irak	129	809	917	0,4	1,7	1,8
Sonstige	6659	10284	11202	22,8	21,3	21,5
Welt	29043	48218	52036	100,0	100,0	100,0

Erdöl/Erdgas

Die Verdoppelung der Welterdölförderung seit 1950

In einem Jahrzehnt hat sich die Welterdölförderung nahezu verdoppelt. 1950 betrug sie noch 525 Mill. t, 1960 waren es 1,05 Mrd. t. Die Beteiligung der einzelnen Länder an dieser Steigerung aber war recht unterschiedlich. Die USA, die 1950 noch mehr als die Hälfte der Gesamtmenge lieferten, produzierten 1960 nur noch ein Drittel davon, die Sowjetunion hat ihren Anteil verdoppelt, Venezuela verzeichnet einen leichten prozentualen Rückgang, der Nahe Osten mit seinen großen neuentdeckten Vorräten aber ist von 17 auf 25% aufgerückt. Die einzelnen Produktionsmengen waren folgende:

	1950		1960	
	Mill. t	%	Mill. t	%
USA	271	52	345	33
Venezuela	78	15	151	14
Naher Osten	88	17	267	25
UdSSR	38	7	147	14
Übrige Gebiete	50	9	142	14
	525	100	1052	100

Das enorme Anwachsen der Erdölproduktion in einem Jahrzehnt ist angesichts der weit größeren Zunahme der inzwischen nachgewiesenen Erdölreserven nicht beunruhigend. Diese befinden sich wiederum weit überwiegend im Nahen Osten. Sie verteilen sich nach „Montan-Archiv", Nr. 75, vom 18. 9. 1962, wie folgt: Naher Osten mit 24,8 Mrd. t = 62% der Gesamtreserven, USA 4,6 Mrd. t, Kanada 0,6 Mrd. t, Venezuela 2,5 Mrd. t, Indonesien 1,2 Mrd. t, UdSSR 3,8 Mrd. t, Algerien 0,7 Mrd. t. Ein sehr erhebliches weiteres Anwachsen der gewinnbaren Reserven ist mit Sicherheit zu erwarten; denn die Sahara und Libyen wie auch weite Gebiete der Sowjetunion und Chinas befinden sich noch im Stadium der Erdölsuche, und was an submarinen Vorkommen und solchen der arktischen Gebiete noch zu entdecken sein wird, ist nicht abzusehen. —Ha—

Fortschritte der italienischen Erdölindustrie

In Italien hat in den letzten Jahren durch Ausbau und Vermehrung der Raffinerieanlagen eine schnelle Steigerung der Erdölverarbeitung stattgefunden, mit der bei anhaltender wirtschaftlicher Konjunktur und vor allem großen Fortschritten der Verkehrsmotorisierung ein entsprechender Verbrauch einherging. Von 1951 bis 1961 stieg die verarbeitete Rohölmenge von jährlich 7,3 auf 35 Mill. t. Allein von 1960 auf 1961 betrug die Zuwachsmenge 4,2 Mill. t = 13,6%. Dagegen wuchs die landeseigene Rohölproduktion nur von 2,05 auf 2,21 Mill. t, wovon 70% aus den in Sizilien entdeckten Lagerstätten stammten. Die mithin erforderlichen sehr hohen Importe kamen 1961 zu 76,6% aus dem Nahen Osten, der 25,9 Mill. t Rohöl lieferte (gegenüber 24,7 Mill. t im Vorjahre). Eine erheblich größere Zunahme weisen die Importe aus Nordafrika und besonders aus der Sowjetunion auf. In den ersten zehn Monaten 1961 wurden 42,5% mehr sowjetisches Erdöl importiert als in der gleichen Zeit des Vorjahrs. Damit wurden 16,34% des italienischen Bedarfs gedeckt, was von der EWG, die 14% als Höchstgrenze festgesetzt hatte, übel aufgenommen worden sein soll. Bereits E. MATTEI, der ehemalige Präsident der ENI-Gesellschaft, machte auf von seiten der Privatwirtschaft gegen ihn erhobene Vorwürfe geltend, daß das ohne Zwischenhändler gelieferte und durch Gegenlieferungen italienischer Produkte gedeckte sowjetische Erdöl weit billiger sei als das von den internationalen Gesellschaften unter hohen Profiten gelieferte und daß der Erdölbezug zu niedrigstem Preis für Italien, das jetzt Güter statt Arbeitskräfte zu exportieren versuche, eine Notwendigkeit sei. —Ha—

Westeuropa und das Saharagas

Der Anteil des Erdgases am Energieverbrauch ist in den Ländern der EWG bis jetzt mit etwa 3% wesentlich geringer als in den USA, wo er 28%, und der UdSSR, wo er 10% beträgt. Eine bedeutende Steigerung dieses Anteils ist für die nächsten Jahre mit Sicherheit zu erwarten, da der westeuropäische Energiebedarf zunimmt und das Saharaöl auf den Absatz in Westeuropa angewiesen ist. Die Erdgasvorräte in der Sahara sind so groß, daß eine jährliche Abgabe von 20 bis 25 Mrd. m³ durchaus möglich wäre. Die Vorkommen von Hassi R'Mel werden auf 1865 Mrd. m³, drei weitere Vorkommen im Raum um Hassi Tuareg auf 900 Mrd. m³ geschätzt, wovon 500—600 Mrd. gewinnbar sein sollen. Der jährliche Absatz in Algerien beträgt gegenwärtig nur 500 Mill. m³ und dürfte in den nächsten Jahren kaum über 2 Mrd. m³ hinausgelangen.

Die Versuche zur Verlegung einer Trans-Mittelmeer-Leitung sind nach einer Unterbrechung nunmehr von der französischen Dachgesellschaft Gaz de France wieder aufgenommen worden. Es wird dabei eine Transportkapazität von jährlich 10 Mrd. m³ ins Auge gefaßt. —Ha—

Die Ringgasleitung um Moskau

Von der im Bau befindlichen Ringgasleitung um Moskau herum wurde ein weiterer Bauabschnitt in Angriff genommen. Er umfaßt u. a. die Orte Orechowo-Suew, Woskressensk und Jegorowsk. Die Ringgasleitung wird mit den Zweiglinien eine Länge von etwa 1000 km haben. Sie wird durch Zuführungsleitungen aus den Krasnodarer und Stawropoler Erdgasfeldern gespeist. —Ha—

Submarine Öl- und Gasfunde bei Japan

Von der japanischen Teikoku-Ölgesellschaft wurde 1961 geophysikalisch vor der Küste des Niigata-Distrikts eine antiklinale Struktur ermittelt, die den Namen Katamachi-Feld erhielt. Von einer über dem Scheitel der Antiklinale fixierten Plattform aus wurden eine vertikale Bohrung bis 2500 m Teufe niedergebracht und mehrere Schrägbohrungen bis 500 und 1000 m. Mehrere Öl und Gas führende Schichten wurden angetroffen, vor allem an der Ostflanke der Struktur. Bereits Anfang 1961 sind nahe Sekihara, südwestlich von Nagaoka vor der Westküste von Honshu, in 800 und 1100 m Teufe gasführende Horizonte im Pliozän angetroffen worden. Der eine war 20 m, der andere 40 m mächtig. Seit dieser Entdeckung wurden hier sieben zusätzliche produktive Bohrungen niedergebracht. —Ha—

Neue Erdölvorkommen im Banat

Bei Kuman im Südbanat in der Nähe der Erdölvorkommen von Elimir wurden neue Erdölvorkommen entdeckt, deren genauer Umfang noch nicht geklärt ist. Nach den jüngsten Bohrergebnissen dürften sie abbauwürdig sein. In Elimir ist eine Entgasungsanlage für Rohöl im Bau, in Zrenjanin wurden Vorbereitungen für die Errichtung petrolchemischer Anlagen getroffen, die sich auf die Erdöl- und Erdgasvorkommen im Banat stützen sollen. Es handelt sich um die ersten petrolchemischen Projekte Jugoslawiens. Die Suche nach weiteren Erdgas- und Erdölfeldern wird im gesamten Banat fortgesetzt. —s—

Kanada nimmt Heliumproduktion auf

Mit der Gründung der „Canadian Helium Ltd." nimmt Kanada die systematische Heliumproduktion auf. Als Grundlage hierfür dient das Saskatchewan-Gas, das 98% Stickstoff und fast 2% Helium enthält. An den Sucharbeiten auf neue Heliumvorkommen beteiligt sich auch die „International Helium Corporation", die eine komplette Heliumgewinnungsanlage aus Westdeutschland importiert und Bohrungen auf einer Fläche von etwa 4000 km² niederbringen wird.

Der gegenwärtige Heliumverbrauch in der Welt beläuft sich etwa auf 16 Mill. m³. Die „Canadian Helium Ltd." will vor allem den europäischen Markt mit diesem Edelgas beliefern. —K—

Entwicklungstendenz der Raffineriekapazität der EWG

Im Zeitraum der Jahre von 1955 bis 1965 rechnen Sachverständige der EWG-Mitgliedstaaten (laut DIM 154/1962) mit einer kontinuierlichen Steigerung der Raffineriekapazität der Länder um etwa 10%. Ein besonders starker Anstieg war bereits in dem Zeitraum von 1955 bis 1960 mit 13,4% zu verzeichnen. 1960 erreichte die Leistung 131,5 Mill. t und kletterte 1961 bereits auf 149,3 Mill. t, was einem Zuwachs von 13,5% gleichkommt. Die weitere Entwicklung bis 1965 wird so eingeschätzt, daß zu diesem Zeitpunkt eine Kapazität von 213—215 Mill. t zur Verfügung steht. Die Nettoproduktion soll sich dabei auf 176,6 Mill. t belaufen, was einer Rohölmenge von 192,5 Mill. t entspräche. An der Spitze liegt im Falle dieser Entwicklung Westdeutschland mit 51,5 Mill. t netto, eng gefolgt von Italien mit 50 Mill. t.

Bis zu diesem Zeitpunkt werden im Bereich dieser Staaten 93 Raffinerien in Betrieb sein. Von ihnen entfallen auf Italien 35, Westdeutschland 31, Frankreich 16, Belgien 6 und die Niederlande 5. —K—

Kohle

Frankreichs gedrosselter Kohlenbergbau

Der verstaatlichte Kohlenbergbau Frankreichs wird infolge der Konkurrenz des Erdöls und des Erdgases weiter gedrosselt. 1961 wurden gegenüber 58,2 Mill. t (1960) nur noch 55,3 Mill. t gefördert. Bis 1965 ist ein Rückgang auf 53 Mill. t vorgesehen. Durch weiteren Beschäftigtenabbau, Kürzung der Arbeitszeiten und Grubenschließungen soll dieses Ziel erreicht werden. Die in den Vorjahren angewachsenen Halden konnten auf 14 Mill. t abgebaut werden. Die Untertageförderung je Arbeiter wurde jedoch bei verringerter Belegschaft weiter erhöht, und zwar um 4,7% auf fast 2000 kg täglich. Die durch neue Anlagen erweiterten Kokereien näherten sich mit einer Rekordproduktion von 7,8 Mill. der Grenze ihrer Kapazität. Der zu erwartende Eintritt Großbritanniens in die Montanunion macht es fraglich, ob eine „Gesundschrumpfung" des französischen Kohlenbergbaus erreicht werden kann. —Ha—

Strukturwandel im rheinischen Braunkohlengebiet

Während sich die westdeutsche Steinkohlenförderung infolge der Konkurrenz der mit weit geringeren Kosten gewinnbaren amerikanischen Kohle in einer schwierigen Lage befindet, sind die Entwicklungsaussichten für die rheinische Braunkohle günstig, da die Förderungskosten, auch wenn sie, wie ein Bericht der „Deutschen Zeitung", Köln, vom 2. 6. 1962 voraussagt, in SKE umgerechnet von jetzt 30,50 DM/t SKE wegen des Übergangs zum tiefen Tagebau bis 1975 auf etwa 40 DM/t SKE ansteigen werden, relativ niedrig bleiben. In der zwischen Köln und Aachen, dem Nordrand der Eifel und der holländischen Grenze gelegenen „Braunkohlenschüssel" Nordrhein-Westfalens, in der 60 Mrd. t Rohbraunkohle nachgewiesen sind, sind die Lager in der Waldzone des Südreviers, wo die Kohle meist im flachen Tagebau gewinnbar war, nahezu erschöpft, so daß der Bergbau genötigt ist, nach Norden und damit zugleich in die Tiefe zu wandern. Er dringt in die Erft-Niederung mit ihren fruchtbaren Börde-Böden ein und stößt hier wesentlich tiefer auf die Kohle. Ein 200 m mächtiges Deckgebirge muß abgetragen werden, ehe das 50 bis 60 m starke Kohlenflöz abbaureif ist. Das Grundwasser muß bis auf 250 m abgesenkt werden. Eine Reihe von Ortschaften muß umgesiedelt, Straßen und Flußläufe müssen verlegt werden. Bis 1975 ist die Verlegung von 22 km Hauptstraßen, 65,5 km Landstraßen und 750 km Gemeindewegen vorgesehen. Selbst die Eisenbahnstrecke und die Autobahn Köln—Aachen müssen im Revier neu trassiert werden. Die Erft erhält auf 10 km ihres Laufs ein neues Bett. 600 ha wertvolles Kulturland gehen im rheinischen Revier jährlich verloren, zu deren Rekultivierung, die aber erst nach vielen Jahren erfolgen kann, der Bergbau gesetzlich verpflichtet ist. —Ha—

Große Kohlenvorkommen zwischen Donbass und Asowschem Meer

Bohrungen in dem Gebiet zwischen den südlichen Grenzen des Donbass und dem Asowschen Meer haben entgegen der bisherigen Annahme zu der Entdeckung großer Steinkohlenvorkommen geführt. Im Bereich der Priasowschen Ausläufer des Donezker Gebirgsrückens wurden mehr als 20 Kohlenflöze erbohrt, die nahe beieinanderliegen und für eine Gruppenausbeutung günstige Bedingungen bieten. Es handelt sich um erstklassige Steinkohle. Die Flöze liegen unter einer Bedeckung von kretazischen Schichten und Schwimmsanden, die für den Abbau jedoch keine unüberwindlichen Hindernisse bedeuten. Dieser neue Kohlenbezirk hat eine Ausdehnung von etwa 1500 km². —Ha—

Sonstiges

Der Erzbergbau in Österreich

Im Gegensatz zu Westdeutschland und anderen westeuropäischen Ländern läßt der Erzbergbau in Österreich, wie die Zeitschrift „Bergfreiheit", Essen, vom 9. 9. 1962 mitteilt, in den letzten Jahren im allgemeinen eine Aufwärtsbewegung erkennen. Das trifft besonders für die Eisenerzförderung zu, die bei verstärkter Abnahme von Erz durch die Hüttenwerke von 3,382 Mill. t (1959) im Jahre 1960 auf 3,542 Mill. t, d. h. um 4,7%, anstieg. Sie war damit die bisher höchste auf dem jetzigen österreichischen Staatsgebiet. Der steirische Eisenerzbergbau, der daran mit 3,338 Mill. t oder 94% beteiligt war, ist einer der bedeutendsten in Europa. Die Lagerstätten gehören der Grauwackenzone an, die sich zwischen den nördlichen Kalkalpen und den Zentralalpen von Niederösterreich bis Tirol hinzieht und aus einer Serie von alten Schiefern mit Kalk- und Ergußgesteinen besteht.

Die Förderung von Blei- und Zinkerzen wies zwar mengenmäßig einen leichten Rückgang, dem Metallinhalt nach jedoch einen Anstieg auf, trotz der sinkenden Blei- und Zinkpreise an der Londoner Metallbörse. Bei den Erzen von Bleiberg-Kreuth lag der Pb-Inhalt bei 5224 t, der Zn-Inhalt bei 6577 t im Jahre.

Die Produktion von Antimonerzen, die im Betrieb Schlaining gewonnen werden, war 1960 mit 14823 t bei 7,2% Sb-Gehalt die höchste seit Bestehen des österreichischen Antimonbergbaus. Es wurden 927 t Konzentrat mit 613 t Sb-Inhalt gewonnen.

In demselben Jahre stieg die Magnesitförderung mit 1,625 Mill. t gegen das Vorjahr um 35,3% und war wiederum die höchste seit Bestehen des Magnesitbergbaus im Lande. Die Hauptlagerstätten befinden sich bei Radentheim auf der Mittelstädter Alp, bei Hochfilzen und bei Breitenau. Die Bergtechnik ist hochmodernisiert.

Die Graphitförderung wies mit 88036 t Rohgraphit einen starken Anstieg auf (1958 nur 21154 t) und steht jetzt nach Südkorea an zweiter Stelle in der Welt. Bei Spitz an der Donau wurden mehrere Vorkommen neu aufgeschlossen. Das Fördergut hat 50% Kohlenstoffgehalt. Die Entwicklung eines hochwertigen Nukleargraphits wird erfolgreich fortgesetzt.

Einzig die Kupfererzförderung zeigte einen erheblichen Rückgang (139639 t gegen 162600 t im Vorjahr). 7625 t erzeugtes Konzentrat hatten einen Kupferinhalt von 1985 t. Im ersten Halbjahr 1962 stieg jedoch die Kupfererzproduktion um 15% auf 73356 t. Die Förderung von Antimonerz erhöhte sich weiter um 18% auf 8713 t. Auch eine Steigerung der Wolframerzproduktion um sogar 60% auf 6889 t wird gemeldet. —Ha—

Verwertung der Athabaska-Sande

Die außerordentlichen Ölvorkommen in den Ölsanden von Athabaska (Kanada) sind bisher als Reserve betrachtet worden, zumal ein wirtschaftliches Aufbereitungsverfahren noch nicht gefunden wurde. Nunmehr ist geplant, ab 1966 rd. 4300 moto zu gewinnen. Ein Heißwasserflotationsverfahren dient zur Trennung von Erdöl und Sand. Wie berichtet wird, gewinnt man ein Öl von der Qualität des Alberta-Rohöls. Durch eine Pipeline von 465 km Länge wird es nach Edmonton transportiert und von dort durch die Interprovincial-Pipeline nach Ostkanada befördert.

Eine andere Gruppe will zwischen 1968 und 1970 ebenfalls die Gewinnung von Öl aus Athabaska-Sanden aufnehmen. Es wird mit einer Ölgewinnung von 13500 moto gerechnet. —Ha—

Kurznachrichten

Die Ausbeutung der im Gebiet von Przedlorz (**VR Polen**) neuentdeckten **Erdgasvorkommen** soll schon in diesem Jahre beginnen. Die dortigen Vorräte sollen fast halb so groß sein wie die gesamten bisher erkundeten Erdgasvorräte der VR Polen.

In **Jugoslawien** wurden im Januar und Februar 1962 220000 t **Rohöl** gefördert, 20% mehr als in denselben Monaten 1961. Auch die Erdölverarbeitung ist entsprechend gestiegen.

In **Libyen** wurde 190 km südlich von El Agheila am Golf von Syrte ein neues **Erdölvorkommen** mit 95 m³ Rohöl täglich erschlossen.

Die **Kohlenförderung Frankreichs** wird 1962 nur noch 54 Mill. t gegenüber 55,3 Mill. t 1961 betragen und in den nächsten Jahren um eine weitere Million t zurückgehen.

Die **französische Rohstahlerzeugung** stieg in den 11 Jahren von 1950 bis 1961 von 8652000 t auf 17575000 t und entsprach damit etwa der Zunahme des Stahlverbrauchs. In anderen westeuropäischen Ländern war die Entwicklung etwas ungünstiger.

Die **Rohstahlerzeugung Schwedens** betrug im ersten Halbjahr 1961 1835000 t und erreichte in der gleichen Zeit 1962 1921000 t. Die Roheisenerzeugung stieg in den genannten Zeiten von 885000 t auf 1024000 t.

Die **türkische Eisenerzförderung** stieg 1961 bei den staatlichen Gruben um 10% gegenüber dem Vorjahr auf 434850 t, während die Förderung aus privaten Gruben um 23% auf 254077 t zurückging.

Die Errichtung eines staatlichen **Stahlwerks** mit einer Jahresproduktion von 250000 t Stahl und 20000 t Ferromangan wird von der **marokkanischen** Regierung in Nador (Nordostmarokko) geplant.

Die Regierung von **Ghana** baut in Tema mit Hilfe einer britischen Firma ihr erstes **Stahlwerk**, das eine Jahreskapazität von 20000 t, später 30000 t Stahlerzeugnissen erhalten soll.

An der Grenze der **brasilianischen** Staaten Pernambuco und Paraiba wurde ein oberflächennah liegendes, 10 m mächtiges **Eisenerzvorkommen** entdeckt, das bei einem Fe-Gehalt ähnlich dem der Erze von Minas Gerais mindestens 10 Mill. t Erz enthalten soll.

Die Ausbeutung der **Kupfererzlagerstätten** von El Nahas (**Südwestsudan**) wird von einer amerikanisch-italienischen Gesellschaft geplant. Die US Anaconda Copper Co. und der italienische Industrielle Dr. Ivo Pera, der die Schürfkonzession erhielt, sind beteiligt.

In **El Salvador** wird von der US Anaconda Copper Co. die Errichtung eines Werks zur Verarbeitung der etwa 100000 t jährlich betragenden **Rohkupferproduktion** des Landes zu Elektrolytkupfer geplant.

In **Jordanien** wird von dem Abbau der **Phosphatvorkommen** im Gebiet von Hassa, der durch einen von Kuweit gewährten Kredit ermöglicht wurde, eine Jahresförderung von 1,5 Mill. t erwartet, während die bereits produzierende Grube von Russaifa nur 500000 t jährlich liefert.

Bei der Erkundung von **Borminerallen** im Gebiet Emet-Kutahya in der westlichen **Türkei** wurden in den beiden letzten Jahren Vorräte von 10 Mill. t festgestellt. Gegenüber der Gewinnung von Borsäure aus Colemanit tritt die aus Borax mehr und mehr zurück.

Bei der **nordiranischen** Stadt Rascht wurde ein den Sefid Rud aufstauender **Staudamm** von 425 m Länge und 100 m Höhe fertiggestellt. Das Wasser des 60 km langen Stausees wird eine Fläche von zunächst 111509 ha, später 133000 ha bewässern.

Beihefte zur Zeitschrift GEOLOGIE

Heft 32: AUTORENKOLLEKTIV
Sporenpaläontologische Beiträge
1961. 127 Seiten einschließlich 17 Bildtafeln – 25 Abbildungen – 1 Tabelle – 17 × 24 cm – DM 16,–

Heft 33: MANFRED BARTHEL
Epidermisuntersuchungen an einigen inkohlten Pteridospermenblättern des Oberkarbons und Perms
1962. 140 Seiten einschließlich 41 Bildtafeln – 70 Abbildungen – 1 Tabelle – 17×24 cm – DM 28,50

Heft 34: MANFRED REICHSTEIN
Die Stratigraphie der Hercynkalke bei Güntersberge im Unterharz und das Problem der Hercynkalkentstehung
1962. 73 Seiten einschließlich 1 Bildtafel – 31 Abbildungen – 4 Tabellen – 17 × 24 cm – DM 12,–

Heft 35: GERMAN MÜLLER
Zur Geologie des Strontiums in ozeanen Evaporiten unter besonderer Berücksichtigung der sedimentären Coelestinlagerstätte von Hemmelte-West (Süd-Oldenburg)
1962. 90 Seiten – 35 Abbildungen einschließlich 3 Einschlagtafeln – 38 Tabellen – 17 × 24 cm – DM 11,50

Heft 36: WERNER SCHULZ
Gliederung des Pleistozäns in der Umgebung von Halle (Saale)
1962. 69 Seiten – 31 Abbildungen – 1 Tabelle – 17 × 24 cm – DM 8,50

Heft 37: ROLF SEIM
Petrologische Untersuchungen an kontaktmetasomatischen Gesteinen vom Ostrand des Brockenmassivs (Harz)
1963. 66 Seiten – 25 Abbildungen – 7 Tabellen – 17 × 24 cm – DM 7,50

Heft 38: YVONNE KIESEL & DIETER LOTSCH
Zur Mikrofauna des südbrandenburgischen Obereozäns
1963. 71 Seiten einschließlich 16 Bildtafeln – 1 Tabelle – 17×24 cm – DM 12,50

Bestellungen einzelner Hefte oder zur Fortsetzung durch eine Buchhandlung erbeten

AKADEMIE - VERLAG · BERLIN

In den nächsten Heften der Zeitschrift für angewandte Geologie

erscheinen u. a. folgende Beiträge

N. I. POLEWAJA: Eine geochronologische Skala nach Altersbestimmungen an Glaukoniten

H. KUGLER: Zur Erfassung und Klassifikation geomorphologischer Erscheinungen bei der ingenieurgeologischen Spezialkartierung

K. LEHNERT: Zur Eichung und Interpretation von Neutron-Gamma-Messungen im Zechstein-Hauptkarbonat

I. I. AMMOSSOW & N. I. BABINKOWA: Klassifikation der Braunkohlen nach ihren petrographischen Besonderheiten

W. THOMÄ: Die geochemische Untersuchung der Devonscholle am Henneberg bei Weitisberga

R. MEINHOLD: Die geochemischen Verfahren der Erdölgeologie

N. A. JEREMENKO, E. A. GIMPELEWITSCH & A. A. ILJIN: Einige allgemeine Gesetzmäßigkeiten der Veränderung dispers verteilter organischer Substanz in Abhängigkeit vom geologischen Alter

H. RADTKE: Geologisch-lagerstättenkundliche Ergebnisse aus dem Raum der östlichen Lausitz

B. PREUSS: Durchführung und Auswertung von makropetrographischen Flözprofilaufnahmen in Tagebauen des östlichen Niederlausitzer Unterflözes

GEOLOGIE

Zeitschrift für das Gesamtgebiet der Geologie und Mineralogie sowie der angewandten Geophysik

Herausgegeben von der Staatlichen Geologischen Kommission der Deutschen Demokratischen Republik und der Geologischen Gesellschaft in der Deutschen Demokratischen Republik

Wie aus dem Untertitel der Zeitschrift hervorgeht, werden Originalarbeiten aus dem Fachgebiet der Geologie, Mineralogie, Petrographie, Lagerstättenkunde, Paläontologie, angewandten Geophysik, Geochemie und Hydrogeologie veröffentlicht. Neben den Originalaufsätzen, die den Hauptteil der Hefte bilden, erscheinen Berichte über wissenschaftliche Tagungen, Referate und Buchbesprechungen. Die Originalbeiträge werden mit fremdsprachigen Zusammenfassungen veröffentlicht.

Dem Redaktionskollegium gehören an: Prof. Dr. W. BUCHHEIM, Freiberg; Prof. Dr. K. v. BÜLOW, Rostock; Prof. Dr. R. DABER, Berlin; Prof. Dr. F. DEUBEL, Jena; Prof. Dr. E. KAUTZSCH, Berlin; Prof. Dr. H. KÖLBEL, Berlin; Prof. Dr. R. LAUTERBACH, Leipzig; Prof. Dr. O. OELSNER, Freiberg; Prof. Dr. A. WATZNAUER, Freiberg. Die Chefredaktion liegt in Händen von Prof. Dr. K. PIETZSCH, Freiberg.

In den Heften des Jahrganges 12 wurden u. a. folgende Arbeiten veröffentlicht:

Heft 2

G. D. ASHGIREI: Einige Wesenszüge der Tektonik und Entwicklungsgeschichte globaler Mobilzonen, Teil 2: Geosynklinalfaltung

I. LIEBEROTH: Lößsedimentation und Bodenbildung während des Pleistozäns in Sachsen

G. KRUMBIEGEL: Trionychidenfunde (Flußschildkröten) der Gattung *Trionyx* GEOFFROY 1809 aus der eozänen Braunkohle des Geiseltales

H. MOENKE & H. WIEFEL: Der Lithium- und Rubidiumgehalt eines Granitgerölls aus dem Lederschiefer des Berganer Sattels (Ordovizium, Gräfenthaler Schichten)

Heft 3

O. WAGENBRETH: Zerrung und Pressung und ihr Verhältnis zueinander in der germanotypen Tektonik

G. MÖBUS: Der Kristallin-Anteil der Tiefbohrung Luckau II, südlich von Berlin

R. MEIER: Das Auftreten von Staßfurtit in der Hangendgruppe des Kalilagers Staßfurt in der Grube Bernburg-Gröna

H. NESTLER: Das Operculum von *Neomicrorbis (Granorbis) verrucosus* REGENHARDT (Polychaeta sedentaria) aus dem Unter-Maastricht von Rügen

Heft 4

A. S. POWARENNYCH: Grundsätze einer kristallchemischen Klassifikation der Sulfide

H. KELCH: Mineralogisch-petrographische Untersuchungen am Rhyolith vom Typ Hohnsdorf, nördlich Halle (Saale)

H. BLUMENSTENGEL & K. WUCHER: Nachweis einer Schichtlücke zwischen Oberdevon und Unterkarbon im Rodachtal (Mtbl. Lobenstein, Thüringisches Schiefergebirge)

J. HELMS: Zur „Phylogenese“ und Taxionomie von *Palmatolepis* (Conodontida, Oberdevon)

Heft 5

H. KNAPE: Tektonischer Bau und Strukturgenese im nordwestlichen Vorland des Flechtinger Höhenzuges, Teil I: Stratigraphischer Überblick und Lagerungsverhältnisse

H. REH: Über einige neuere Ergebnisse der Auswertung physikalischer Altersbestimmungen

A. SAVOLAHTI: Regeln der Kristallisation, der idiomorphen und der idioblastischen Reihenfolge und ihre Anwendbarkeit in der Petrologie

D. NĚMEC: Axinit in westmährischen Skarngesteinen und seine genetische Stellung

G. STEINICH: Fossile Spicula bei Brachiopoden der Rügener Schreibkreide

Die Zeitschrift GEOLOGIE erscheint zehnmal im Jahr. Der Preis beträgt bei einem Format von 17 × 24 cm je Heft DM 4,–

Bestellungen durch eine Buchhandlung erbeten

AKADEMIE-VERLAG · BERLIN

Herausgeber: Staatliche Geologische Kommission und Zentrale Vorratskommission für mineralische Rohstoffe der Deutschen Demokratischen Republik. Für die kollektive Chefredaktion: Dr. K. KAUTER (Redaktionssekretär), Berlin. Redaktion: Berlin N 4, Invalidenstraße 44. Verlag: Akademie-Verlag GmbH, Berlin W 8, Leipziger Straße 3–4 (Fernsprecher 220441, Telex 011773, Postscheckkonto: Berlin 35021). Bestellnummer des Heftes 1047/9/5. Die „Zeitschrift für angewandte Geologie“ erscheint monatlich. Bezugspreis 2,– DM je Heft. – Satz und Druck: Druckhaus „Maxim Gorki“, Altenburg. Veröffentlicht unter der Lizenznummer 1279 des Presseamtes beim Vorsitzenden des Ministerrates der Deutschen Demokratischen Republik. Karten: MdI der DDR, Nr. 8545, 8384.

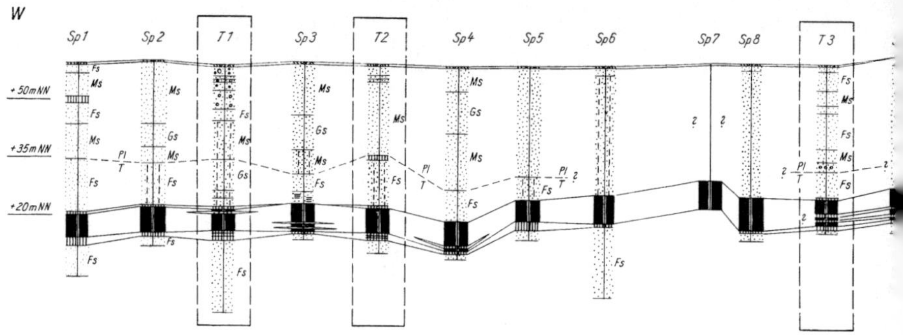

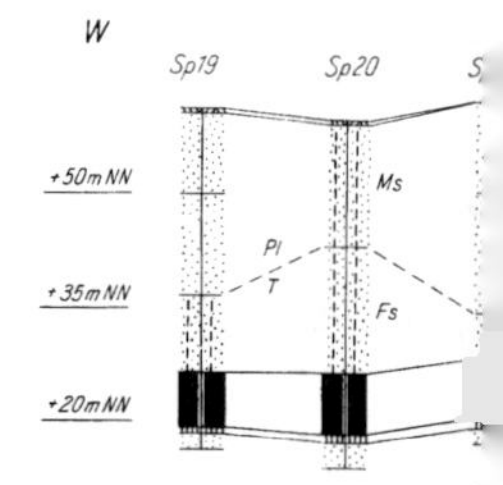

Abb. 2a. Schematisierte geologische Schnitte durch das Tagebaufeld Schlabendorf — konstruiert auf der Grundlage der Ergebnisse aller Bohrungen

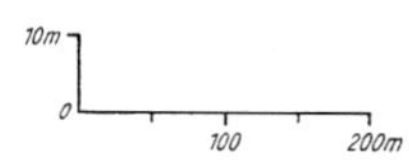

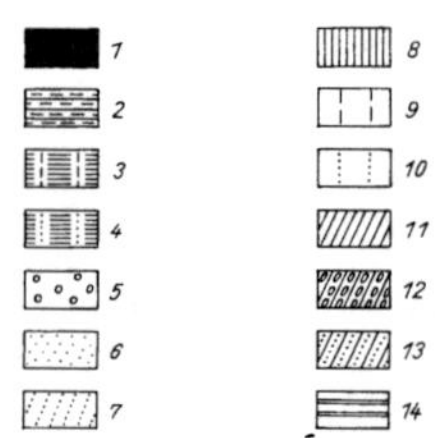

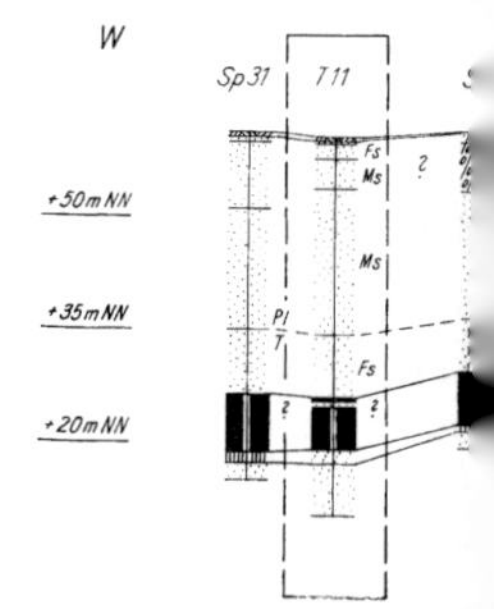

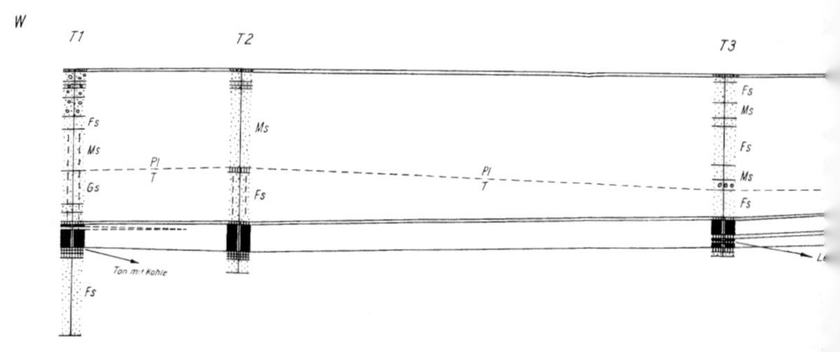

Abb. 2b. Schematisierte geologische Schnitte der Abb. 2a — konstruiert auf der Grundlage von Trockenbohrergebnissen
1 — Braunkohle, allgemein; 2 — Braunkohle, xylitisch; 3 — Braunkohle, tonig; 4 — Braunkohle, sandig; 5 — Kies, 6 — Sand, 7 — Schluff, 8 — Tone, 9 — tonig, 10 — sandig, 11 — Lehm, 12 — Geschiebemergel, 13 — Geschiebelehm, 14 — Bänderton

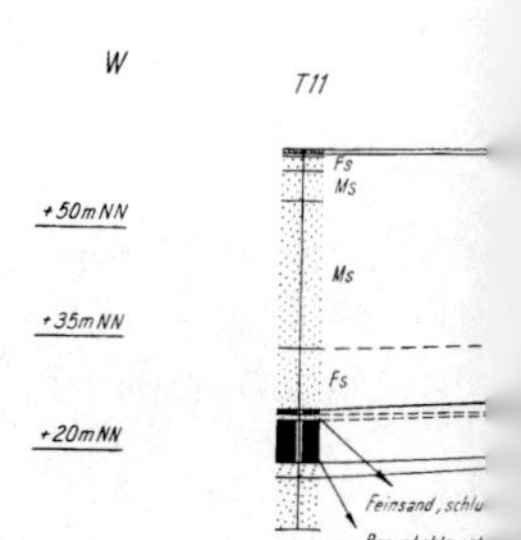

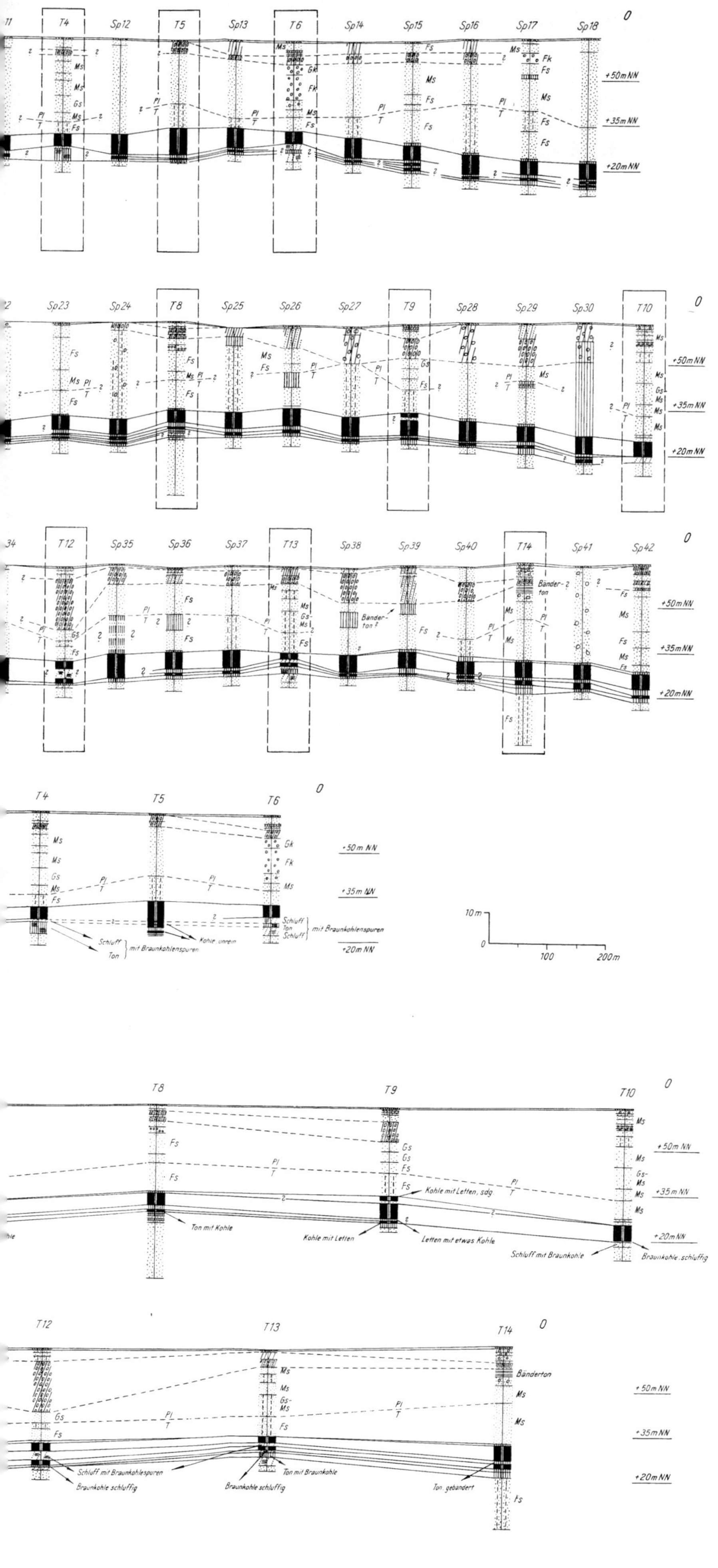

T4
Sp12
T5
Sp13
T6
Sp14
Sp15
Sp16
Sp17
Sp18
Sp23
Sp24
T8
Sp25
Sp26
Sp27
T9
Sp28
Sp29
Sp30
T10
T12
Sp35
Sp36
Sp37
T13
Sp38
Sp39
Sp40
T14
Sp41
Sp42
0
+50m NN
+35m NN
+20m NN
Ms
Fs
Gs
Gk
Fk
Pl
T
Bänderton
Schluff
Ton
Schluff
mit Braunkohlenspuren
Schluff
Ton
mit Braunkohlenspuren
Kohle, unrein
10m
0
100
200m
Ton mit Kohle
Kohle mit Letten
Kohle mit Letten, sdg
Letten mit etwas Kohle
Schluff mit Braunkohle
Braunkohle, schluffig
Schluff mit Braunkohlespuren
Braunkohle schluffig
Ton mit Braunkohle
Ton, gebändert